Wolfram zu Mondfeld

Enzyklopädie des historischen Schiffsmodellbaus

Titelübersicht

Band 1   Modelle und Vorkenntnisse

Band 2   Material und Werkzeug

Band 3   Der Rumpf

Band 4   Die Ausrüstung

Band 5   Boote und Kleinfahrzeuge

Band 6   Sichtbare Schiffsmaschinen

Band 7   Masten und Rahen

Band 8   Taue, Blöcke und Segel

Band 9   Stehendes Gut

Band 10   Laufendes Gut

Band 11   Allerlei Exoten

Band 12   Flaggen, Lexikon und Nachträge

Neckar-Verlag GmbH
78008 Villingen-Schwenningen

Der Autor:

Wolfram zu Mondfeld (mit vollem Namen Wolfram Prinz zu Löwenstein-Wertheim-Freudenberg-Mondfeld) gilt seit über 30 Jahren international als *der* Spezialist für historischen Schiffs- und Schiffsmodellbau. Bisher hat er 32 Bücher (in fast alle Weltsprachen übersetzt) veröffentlicht, zahllose Fachartikel zum Thema geschrieben und über 30 Modelle gebaut, die heute großteils im Deutschen Technikmuseum in Berlin ihren endgültigen Ankerplatz gefunden haben. Die BERLINER ZEITUNG nannte ihn „Europas Modellbau-Papst". DIE WELT fasste es so zusammen: „Der Autor erweist sich als Koryphäe für die Geschichte des Schiffbaus und Schiffsmodellbaus, wie es wohl keine andere gibt." 2003 wurde Wolfram zu Mondfeld für seine außerordentlichen wissenschaftlich-künstlerischen Leistungen mit dem Verdienstorden der Bundesrepublik Deutschland (Bundesverdienstkreuz) ausgezeichnet.

Die Herausgeberin:

Barbara zu Wertheim (Prinzessin zu Löwenstein-W.-F.-M.) ist seit einem Jahrzehnt mit dem Autor verheiratet. Sie ist eine ebenso kompetente Autorin, Herausgeberin und begeisterte Modellbauerin wie ihr Gatte.

Das Buch:

Die ENZYKLOPÄDIE DES HISTORISCHEN SCHIFFSMODELLBAUS ist Theorie und Praxis des historischen Schiffbaus, speziell aufbereitet für den Modellbauer – vom Anfänger bis zum Spitzenkönner.

In den 12 Bänden dieser ENZYKLOPÄDIE kommen sämtliche irgendwie relevanten Themen zur Sprache: Quellen und Materialkenntnisse, Arbeitstechniken und Tricks, originale Bauformen, Proportionstabellen und Werkzeuge für Modelle, deren Zeitbogen sich vom mehr als 10.000 Jahre alten, eiszeitlichen Jägerfellboot bis zum Dampf-Segel-betriebenen Passagierschiff der Mitte des 19. Jahrhunderts, vom europäischen 74-Kanonen-Zweidecker und der eleganten Fregatte bis zur chinesischen Futschou-Dschunke zieht.

Ausgestattet mit Tausenden (buchstäblich!) von Zeichnungen, Ansichten und Rissen, sowie Hunderten von Fotos erstklassiger Modelle, mischt sich in dieser ENZYKLOPÄDIE optimal das Wissen eines exzellenten Fachhistorikers mit den Kenntnissen eines nicht weniger brillanten Modellbauers, um für den Bau maßstäblicher und exakt detailgetreuer Schiffsmodelle das Rüstzeug zu vermitteln.

Wolfram zu Mondfeld

**Enzyklopädie
des
historischen Schiffsmodellbaus**

Herausgegeben von **Barbara zu Wertheim**

Band 5 Teil 1

Boote und Kleinfahrzeuge

Neckar-Verlag GmbH
78008 Villingen-Schwenningen

Dieser Band kann ganz einfach niemand anderem gewidmet sein als Herrn Ludwig Seitz und Herrn Werner Zimmermann in Augsburg, den Großmeistern kleiner Boote und Schiffe, wie ihre zahlreichen Modelle im Deutschen Technikmuseum in Berlin und im Deutschen Museum in München eindrucksvoll belegen.

ISBN 978-3-7883-1174-2

© 1. Auflage 2011 by Neckar-Verlag GmbH, Klosterring 1, D-78050 Villingen-Schwenningen, www.neckar-verlag.de

Gestaltung und Layout: Wolfram zu Mondfeld und Barbara zu Wertheim

Printed by Baur Offset GmbH, Lichtensteinstraße 76, 78056 Villingen-Schwenningen

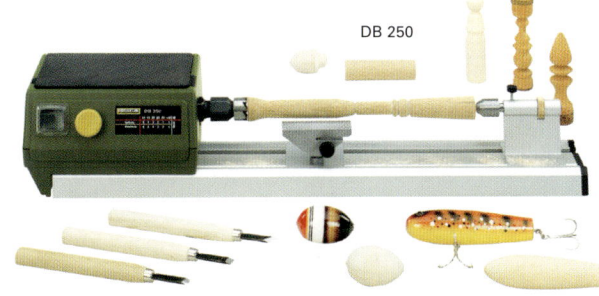

Die Beiboote des russischen 74-Kanonen-Zweideckers ALEKSANDR NEVSKIJ *von 1780.*
(Bootsmodelle Ludwig Seitz, Augsburg, und Schiffsmodell Wolfram zu Mondfeld,
Hohenfurch, im Deutschen Technikmuseum, Berlin)

Inhaltsverzeichnis

5.1 Boote

Vorwort 10

Rettungsboote 11
Beiboote als Rettungsboote; Die Boote der NIEU HORN; Das Großboot der BOUNTY; Das Floß der MÉDUSE; Die Boote der GREAT BRITAIN und YOUNG AMERICA; Die Boote der GREAT EASTERN; Die Boote der TITANIC

Beiboote in der Antike 20

Beiboote Frühmittelalter bis Ende 15. Jahrhundert 23

Beiboote bis Ende 16. Jahrhundert 25

Beiboote bis Ende 17. Jahrhundert 29
Kuhlbrücke; Beiboote

Beiboote bis Ende 18. Jahrhundert 35
Beiboote; Großboot (auch Langboot); Barkasse (auch Kutter); Jolle; Dingi; Gig

Beiboote 19. bis 20. Jahrhundert 39

Ausbau von Beibooten 43
Schale; Dollbord; Dollbordwegerung; Abstand der Dollen, Dollen, Tauschlaufen, Nageldollen, Einfacher Holzpflock, Doppelte Holzpflöcke, Einfacher Belegnagel, Doppelte Belegnägel, Eiserner Dollennagel, Klampen, Hakenklampe, Doppelklampen; Gabeln, Hohe hölzerne Gabeln, Eiserne Gabeln, Rundseln; Binnenwegerung; Bodenwegerung; Duchten; Fußleiste; Heckbank; Bugfach; Heckfach; Kranrolle und Kranbalken, Drehbassen-Pflock; Bordkatzen, Hühner und Ziegen, Katzen, Hühner, Ziegen

Paddel, Skull und Riemen 55
Paddel; Skulls und Riemen; Skull; Riemen; Wrickriemen; Staken; Längen bzw. Proportionen; Material

Ausrüstung von Beibooten 63
Entweder – oder!; Ruder; Bootshaken; Meist unsichtbarer Kleinkram; Süßwasserfässchen; Ausrüstung geschleppter Boote; Persenning; Modellbau

8

Takelung von Beibooten 67
    Lateinertakelage; Sprietsegel (Spreizgaffelsegel); Gaffelsegel; Luggersegel;
Mastfuß; Beibootsteile verstauen; Verzurren

Bootsflaggen 72

Modellbau von Beibooten 74
    Pläne; Bootsbau, Formklotz, Typ A, Typ B, Hilfskonstruktionen, Binnenplankung;
Spanten; Heckspiegel, Kiel und Steven, Beplankung, Abschleifen, Abheben der Rumpf-
schale; Dollbord, Eingebogene Spanten, Bodenbretter, Modellbau; Ausbau; Galvano-
plastik; Kunststoff; Papierlaminat

Lagerung von Beibooten in der Kuhl 89
    Bootsklampen; Standort; Fieren von Beibooten

Lagerung von Beibooten über der Kuhl 92
    Reservespieren; Balkenrost

Lagerung von Beibooten auf Hüttendächern 95

Davits 97
    Heckdavits; Bewegliche Seitendavits aus Holz; Starre Seitendavits aus Holz;
Starre Seitendavits aus Metall; Bewegliche Seitendavits aus Metall; Modellbau von
Davits; Fender; Zurrings; Persenning

Walfangboot 109
    Reale Geschichten; Walfangschiffe des 19. Jahrhunderts; Walfangboote; Modell-
bau

Firmenliste 118

Hinweis für den Leser:

*Der Band 5 der Enzyklopädie des historischen Schiffsmodellbaus befasst sich mit dem
Thema Boote und Kleinfahrzeuge.*
*Aus Umfangsgründen wurde der Band 5 in den Band 5.1 Boote sowie in den Band 5.2
Kleinfahrzeuge aufgeteilt. Daher umfasst das oben abgedruckte Inhaltsverzeichnis aus-
schließlich den Inhalt des Bandes 5.1 Boote.*

Vorwort

Beiboote gehören, zumindest meiner ganz persönlichen Meinung nach, zum Übelsten, was einem Modellbauer so zustoßen kann und fraglos auch zustoßen wird!

Auch für Fischerboote und kleine Küstenfahrzeuge kann ich mich persönlich nicht so recht erwärmen. Zumindest nicht im Maßstab 1:50, wie es das Deutsche Technikmuseum, wo heute fast alle meine Modelle stehen, forderte, um dem Betrachter durchgehend einen entsprechenden Größenvergleich zu ermöglichen – eine, zugegeben, durchaus sinnvolle Idee!

Andere Modellbauer wie Herr Ludwig Seitz, oder teilweise auch Herr Werner Zimmermann, *lieben* genau solche Modellchen! Und verspotten mich und andere, die Fregatten, Zwei- und Dreidecker bauen, als „Kübologen" (abgeleitet vom Wort *Riesen*-„Kübel"), was ich dann gerne mit „Minifutzler, die sich an nichts Besseres herantrauen", zurückgebe – ein bisschen Derblecken darf schon sein unter Kollegen und Freunden, zumal wenn jeder genau weiß, wie hoch der andere das eigene Wissen und modellbauerische Können in Wirklichkeit zu würdigen weiß.

Doch man lasse sich nicht täuschen! Oder anders gesagt muss sich der Modellbauer entscheiden, was ihm besser liegt: gar prächtige Schnitzereien oder Bootsbau.

Im 17. Jahrhundert waren die Schiffe mit prachtvollen Schnitzereien geschmückt, verfügten freilich nur über zwei Beiboote. Im 19. Jahrhundert gab es nur noch eine Galionsfigur, dafür 7 und teilweise sogar noch mehr Beiboote. Das 18. Jahrhundert liegt irgendwo dazwischen.

Modellbaufirmen bieten allenfalls einmal 2 bis 4 (historisch oft auch noch fragwürdige) Beiboote in ihren Baukästen an. Brutal gesagt sind sie für das 18. Jahrhundert fragwürdig, für das 19. Jahrhundert schlicht falsch (um gerade noch den Begriff *albern* zu vermeiden).

Die Beiboote größerer Schiffe sind noch relativ überschaubar.

Wenn es sich dann freilich um all jene kleinen Boote und Fischereifahrzeuge an Europas und später Amerikas Küsten dreht, dann muss man ein echter, auf solche Fahrzeuge spezialisierter Fachmann sein. Ich kann Ihnen dafür wirklich nur Beispiele bringen.

Und dann gibt es noch jene „Grenzgänger" zwischen *Boot* und *Schiff*. Auch ihnen muss ein Kapitel gewidmet sein, auch wenn sie partiell schon in anderen Bänden dieser ENZYKLOPÄDIE vorgestellt werden.

PS: Natürlich tauchen auch in diesen Band wieder gelegentlich Abbildungen auf, die Sie schon, freilich in ganz anderem Zusammenhang, kennen.

Ich wiederhole sie oft trotzdem mitunter, um Ihnen ein allzu mühsames Ziehen anderer Bände nebst Herumblättern zu ersparen.

Rettungsboote

Eines muss von Anfang an sehr klar gesagt werden:
Beiboote dienten bis ins späte 19. Jahrhundert dem Verkehr im Hafen, der Landungen an seichten Ufern, dem Personen- und Lastentransport oder dem Verkehr zwischen den Schiffen einer Flotte. Beiboote wurden in der Tat höchst vielfältig eingesetzt.
Nur als eines waren sie *nicht* gedacht: als „Rettungsboote" (allenfalls in höchst eingeschränktem Sinne), auch wenn sie auf so manchem Plan und mancher Baubeschreibung als solche bezeichnet werden.

Beiboote als Rettungsboote

Selbstverständlich wurden Beiboote auch als „Rettungsboote" eingesetzt, zumal in Seeschlachten, wo es ihre Aufgabe war, Männer von zerschossenen, sinkenden Schiffen aus dem Wasser zu ziehen.

In der Seeschlacht von Navarino 1827 wurde die zahlenmäßig überlegene türkische Flotte von den „philhellenischen" Verbänden (Großbritannien, Frankreich, Russland) gnadenlos vernichtet. Das Resultat war die Freiheit Griechenlands.
(Gemälde von Thomas Lang im National Maritime Museum, Greenwich)

Die Seeschlacht um die Vorherrschaft im „Sund" 1658 zwischen dänischen und schwedischen Schiffen.
(Gemälde von Willem van der Velde d. Ä. im Rijksmuseum, Amsterdam)

Die Boote der NIEU HORN

In den wenigen Jahren seit ihrer Gründung 1602 war die „Holländisch-Ost-indische Kompanie" zu einem der mächtigsten und reichsten Handels-unternehmen der Welt geworden. Im November 1619 steuerte die NIEU HORN unter Kapitän Willem Bontekoe nach einer Rekordfahrt von Amsterdam kom-mend durch die Sundastraße das kolonial-niederländische Batavia (heute Jakarta) an, das man in zwei Tagen zu erreichen erwartete. Da geriet durch die Unachtsamkeit des Proviantmeisters ein großes Branntweinfass in Brand und explodierte. Dank der energischen Maßnahmen des Kapitäns war das sicht-bare Feuer schnell gelöscht, nicht aber der Schwelbrand in den Kohlenvorräten für die Kombüse. So gellte bald wieder der Schreckensruf „Feuer an Bord" über die Decks, der fürchterlichste Ruf auf einem Schiff überhaupt, denn die Lösch-mannschaften befanden sich ja selber ohne Ausweichmöglichkeiten auf dem beengten, brennenden Objekt!

Das Großboot hatte man stets, wie damals üblich, weil auf dem Großdeck der nötige Platz fehlte, nachgeschleppt. Nun setzte man auch den kleineren Kutter

Die Explosion der Nieu Horn *und die Überlebenden in ihren Booten, deren Segel sie aus Hemden zusammengenäht hatten.*
(Stich in The Library of Congress, Washington DC)

aus, um für die löschenden Männer Platz zu schaffen. 70 Personen nebst dem Eigner der Nieu Horn ließen sich heimlich an Seilen ins Wasser hinab und enterten die Boote, was Kapitän Bontekoe wütend empörte.

Alle verzweifelten Löschversuche auf der Nieu Horn brachten letztlich nichts, was immer der fraglos tüchtige Kapitän auch versuchte. Und dann detonierte die Pulverkammer mit 180 (nach anderen Angaben 300) Fässern Schießpulver, welche über Bord zu werfen der mittlerweile relativ sicher im Großboot sitzende Eigner strikt verboten hatte. Von den 119 Männern, die zu diesem Zeitpunkt noch an Bord waren, überlebten wie durch ein Wunder nur zwei: ein Matrose und der Kapitän, die von den Booten aufgefischt wurden.

Der Versuch der 72 Männer in den Booten, eine nahe Insel anzusteuern, kostete 16 von ihnen das Leben, sie wurden von den Einheimischen erschlagen. Nach einer Horrorfahrt, bei der sie ein Schwarm Möwen und ein anderes Mal ein Schwarm fliegender Fische vor dem Hungertod rettete, wurden die Schiffbrüchigen von einem holländischen Geschwader schließlich gerettet.

Das Großboot der Bounty

Wie leistungsfähig solche Boote waren, demonstrierte das Großboot der legendären Bounty 1790, wenn es unter dem Kommando eines erstklassigen

Kapitän William Bligh wird mit 18 Getreuen im Großboot der BOUNTY ausgesetzt. (Gemälde im National Maritime Museum, London-Greenwich)

Kommandanten stand. Kapitän William Bligh war keineswegs der grausame Unmensch, wie er in diversen Filmen geschildert wird, wenn auch ein verbissener Karrieremacher, der sich aus kleinsten Verhältnissen hochgearbeitet hatte. Er war sogar wohl allzu freundlich und menschlich, als er seine Mannschaft, vor Tahiti in der „falschen Jahreszeit" angekommen, an Land gehen und sich mit den Inselschönen anfreunden ließ, anstatt sie unter strengem Drill an Bord zu halten. Als die BOUNTY schließlich wieder in See gehen konnte, brach am 18. April 1790 eine Meuterei unter Führung des Gentleman-Abenteurers Fletcher Christian aus. Kapitän Bligh wurde mit 18 seiner Getreuen im Großboot ausgesetzt, wenn auch einigermaßen mit Proviant und Wasser, Navigationsgerät und dem Logbuch des Kapitäns versehen – Mr. Christian war schließlich *auch* kein Unmensch.
Als Kapitän Bligh die benachbarten Freundschaft-Inseln ansteuerte, ermordeten die Eingeborenen einen seiner Männer. William Bligh beschloss daraufhin, ohne wieder irgendwo anzulegen, die nächste „europäische" Ansiedlung auf der Insel Timor anzusteuern. Das sind 3400 Seemeilen (rund 6300 km), wo die Männer zwar halb verhungert und verdurstet, ansonsten aber wohlbehalten am 14. Juni nach 57 Tagen ununterbrochen auf See in ihrem offenen Beiboot ankamen.
William Bligh wurde später zum Vizeadmiral und Kolonialgouverneur ernannt – fraglos zu Recht!
„Gentleman" Fletcher Christian war, ebenso wie die Mehrzahl seiner Meuterer, tot, in Machtkämpfen erschlagen oder von Krankheiten dahingerafft, als die gerechte Bestrafung der britischen Marine über sie hereinbrach. 10 Überlebende wurden schließlich 1792 vor das Marinegericht in London gestellt, vier,

denen nichts Ernsthaftes nachzuweisen war, freigesprochen, sechs im Hafen von Portsmouth an der Großrah der BRUNSWICK gehängt.

Das Floß der MÉDUSE

Das Gemälde „Le Radeau de la Méduse" von Théodore Géricault im Louvre in Paris zählt zu den berühmtesten Gemälden der Welt. Die MÉDUSE war 54,5 m lang und 12 m breit, 28 12-Pfünder in der Batterie, 12 6-Pfünder nebst 6 36-Pfünder-Karronaden auf Back und Schanz: ein Prachtschiff! Am 17. Juni 1816 lief sie als Flaggschiff eines kleinen Geschwaders aus Rochefort aus mit dem Ziel Senegambia an der Küste Senegals. Neben der Stammbesatzung von 323 Offizieren und Mannschaften befanden sich 80 Zivilisten, Kolonialbeamte, Kaufleute und Kolonisten samt ihren Familien an Bord, gut 400 Menschen. Monsieur Duroy de Chaumareys, der Kapitän, behauptete zwar, viel zur See gefahren zu sein (wann auch immer), auf jeden Fall war er „politisch unbelastet", d. h. er hatte nicht mit dem großen Franzosenkaiser Napoleon I. paktiert – und solche Leute waren damals rar. Für Kapitän Chaumareys war, nach wohl einem halben Leben Frustration, die unter seinen Füßen dahinfliegende MÉDUSE wie ein Rausch. Er setzte sich von seinem kleinen Geschwader ab und nahm, gegen den Rat seiner erfahreneren Offiziere, einen weit südlicheren Kurs, um nur ja als Erster in Rekordzeit Senegambia mit seinem Traumschiff zu erreichen. Doch

Das Gemälde „Le Radeau de la Méduse" von Théodore Géricault errang Weltruhm – nicht zuletzt, weil es die Hilflosigkeit damaliger Rettungsmöglichkeiten zu See demonstrierte.
(Gemälde von Théodore Géricault im Musée du Louvre, Paris)

dann krachte die Méduse am 2. Juli gegen 15 Uhr in die als besonders tückisch geltenden Riffe der Arguin-Bänke südlich von Cap Blanco. Man war erschrocken, betroffen, doch keineswegs wirklich besorgt. Das Wetter war schön und die Küste nur 45 km entfernt. Um das Schiff zu erleichtern, nahm man die obere Takelage und die Stengen ab, aber der Kapitän weigerte sich, seine 46 Kanonen, die Kaufleute ihre Waren zu opfern. So misslang der Versuch, die MÉDUSE mit Hilfe eines Notankers von dem Felsen zu winden.

Da in den immerhin 6 Beibooten selbstverständlich kein Platz für 400 Menschen war, baute man aus Stengen, Rahen und Decksplanken ein 18 m langes, 6,5 m breites Floß, das 200 Menschen samt Lebensmitteln aufnehmen und dann von den Booten zur Küste geschleppt werden sollte. Freilich verfügte dieses weder über einen Mast noch ein Steuerruder.

Am 4. Juli begann die Ausschiffung relativ geordnet, obwohl sich etliche Matrosen und Soldaten bereits hemmungslos über die Alkoholvorräte hergemacht hatten. Die Kapitänsgig wurde mit 20 Personen bemannt, den wichtigsten Persönlichkeiten an Bord und den kräftigsten Matrosen. Das reichlich altersschwache Großboot mit 88 Matrosen, die große Barkasse mit 42 Offizieren und ihren Familien, die drei kleinen Barkassen mit je 25 Personen, und die Jolle mit den Gouvermentsbeamten und ihren Angehörigen. 17 meist total betrunkene Personen blieben auf der MÉDUSE, die sich ja durchaus so lange auf dem Felsen halten konnte, bis Hilfe kam.

Für das Floß blieben somit 152 (nach anderen Angaben 149) Menschen: vor allem Soldaten und Frauen des militärischen Gefolges unter dem Kommando einer kleinen Gruppe lediger Offiziere.

Während die Kapitänsgig und die Jolle mit flottem Ruderschlag Richtung Küste entschwanden, machten sich die anderen Beiboote daran, das ungefüge Floß zu schleppen. Doch am nächsten Morgen stellte man auf dem Floß mit Entsetzen fest, dass die Schleppleinen gekappt und die Boote verschwunden waren. Zwar richtete man einen Notmast auf und flickte ein Notsegel zusammen, doch eine Gruppe von Soldaten bemächtigte sich der Weinfässer (Wein und Bier waren sehr viel besser haltbar als normales Wasser, weshalb die „Wasserlast" auf nordischen Schiffen vielfach weitgehend aus Bier, auf französischen und spanischen Schiffen aus Wein bestand), begann sich zu betrinken und zu randalieren. Dank ihrer Disziplin und Fechtkunst blieb das kleine Häuflein der Offiziere zwar letztlich Sieger, doch die Bilanz von zwei Tagen und Nächten waren 65 Tote. Schlimmer war noch, dass bei diesen Gefechten der Notmast und der einzige Kompass verloren gingen.

Dann fiel ein Sturm über die Schiffbrüchigen her. Tagelang standen sie knietief im Wasser und wen die Kraft verließ, der wurde über Bord gespült. Der Proviant war so gut wie aufgebraucht. Nun brach eine zweite Meuterei aus. Der Anführer wurde gefasst und kurzerhand über Bord geworfen.

„Als der Morgen des 5. Tages graute, gewährte er einen schrecklichen Anblick über das Schlachtfeld. Von 48 Menschen des vorigen Tages lebten noch 30, und von diesen konnten kaum 20 aufrecht stehen oder sich bewegen. Das Salzwasser hatte ihnen die Haut von Füßen und Beinen gefressen", berichteten Henry Savigny und Alexandre Correard, zwei der schließlich Geretteten.

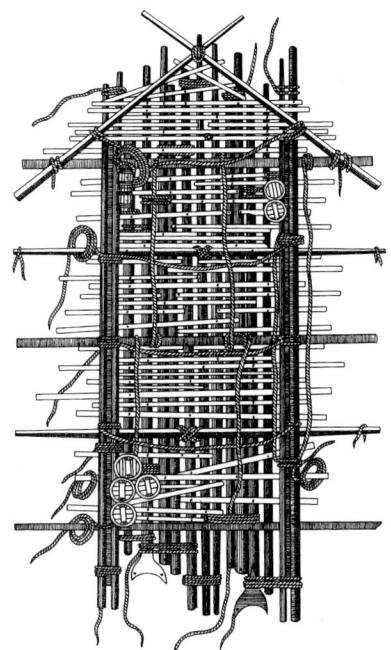

Das Floß der MÉDUSE.
Es war aus Spieren und Brettern zusammen-
genagelt und -gebunden. Doch selbst im Sturm
erwies es sich als entschieden widerstands-
fähiger als die Nerven seiner „Besatzung".
Die Zeichnung wurde anlässlich des Prozes-
ses gegen Duroy de Chaumareys, den Kapitän
der MÉDUSE, nach den präzisen Angaben der
Überlebenden angefertigt.

Und weiter: Am 7. Tag wurden zwei Soldaten erwischt, wie sie Wein aus dem letzten Fass stahlen. Auch sie wurden ins Meer geworfen. Am 8. Tag beschloss man, 15 Leute, die wahnsinnig geworden waren, darunter einige Frauen, ebenfalls über Bord zu stoßen, damit die wenigen Vorräte für die Übrigen länger reichten – vielleicht hatten die Unglücklichen ja auch gar nicht den Verstand verloren, sondern waren nur völlig apathisch geworden, die Überlebenden mögen da manches beschönigt haben. Am 9. Tag waren von rund 150 Menschen noch 15 am Leben und weitere Tage vergingen. Was mit ihnen geschah, ohne jeglichen Proviant, deutet der sonst so gründliche Bericht von Savigny und Correard nur noch an, wenn sie etwa von der „ruchlosen Kost" (Kannibalismus) sprechen. Endlich, am 17. Juli, 15 Tage nach der Strandung der MÉDUSE, entdeckte die ARGUS, eines der Schiffe der Flottille, die sich an ihre Anweisungen, die Arguin-Bänke-Riffe weiträumig westlich zu umfahren, das Floß und konnte das restliche Dutzend Menschen bergen, von denen freilich noch die Hälfte in den nächsten Tagen starb. Drei der 17 auf der MÉDUSE zurückgebliebenen Männer – das Schiff hatte sich tatsächlich auf den Felsen standhaft gehalten – rettete schließlich ein dafür eigens aus Frankreich ausgesandter Schoner. Einige, wieder halbwegs nüchtern, hatten ebenfalls versucht, ein Floß zu bauen, ein anderer hattte versucht, in einem Hühnerkäfig an Land zu schwimmen, die meisten waren im Kampf um Schnaps umgekommen.

Duroy de Chaumareys, der Kapitän, der durch Größenwahn und Unfähigkeit über 160 Menschenleben auf dem Gewissen hatte, wurde, nach Frankreich zurückgekehrt, von einem Kriegsgericht zu milden drei Jahren „ehrenvoller" Haft und dem Verlust seines militärischen Ranges verurteilt. Das war (zumindest in den Augen der damaligen Militärrichter) gerecht: Er hatte sich einerseits des Verlustes einer prachtvollen Fregatte schuldig gemacht, andererseits hatten 225 Personen in den Beibooten, 3 auf der MÉDUSE und 6 auf dem Floß überlebt.

Die Boote der GREAT BRITAIN und YOUNG AMERICA

Aus der Katastrophe der Méduse hatte man nichts wirklich gelernt – immerhin war ja über die Hälfte der Menschen mit dem Leben davongekommen …
Die GREAT BRITAIN von 1845 – immerhin ein Luxusliner ausschließlich für Passagiere der 1. und 2. Klasse – verfügte nur einmal über 5 Boote, etwas später über deren 7, was freilich immer noch nur für einen kleinen Teil der Menschen an Bord als Rettungsboote ausgereicht hätte (s. auch Bd. 6, SICHTBARE SCHIFFSMASCHINEN).
Der Extremklipper YOUNG AMERICA 1853 verfügte ebenfalls über deren 5. Die Mehrzahl lag freilich kieloben auf den Dächern der Aufbauten und war im Notfall entsprechend schwierig zu fieren (s. auch Bd. 8, TAUE, BLÖCKE UND SEGEL, S. 56).

Die Boote der GREAT EASTERN

Sie wurde als größtes Schiff der Welt – „Wunder des Meeres", ein „schwimmender Palast" – von Sir Isambard Kingdom Brunel konstruiert und 1854 in Dienst gestellt. Die Länge betrug 211 m (erst 1899 wagte man ein größeres Schiff zu bauen), Breite 25,5 m bzw. 36 m über die Radkästen und 9 m Tiefgang für 27.400 Tonnen Deplacement. Als einziges Schiff verfügte sie nicht nur über zwei Schaufelräder mit 17 m Durchmesser, sondern auch über eine 7,3 m durchmessende, vierflügelige Schraube. Sie hatte fünf Schornsteine und sechs Masten mit 5400 m² Segelfläche. Eingerichtet war sie für 800 Fahrgäste I. Klasse, 2000 II. Klasse, 1200 III. Klasse, dazu 400 Mann Besatzung und 6000 Tonnen Fracht. An Rettungsbooten hatte sie 18 Stück in den Davits hängen, die (freilich nur bei absolut ruhiger See!) jeweils 45 Menschen fassen konnten = 810 insgesamt von 4400! Obwohl diesem vom Pech hartnäckig verfolgten Schiff in seiner 34-jährigen Dienstzeit so ziemlich jedes erdenkbare Unglück zustieß, seine Rettungsboote benötigte es nie, denn untergegangen ist es nicht, sondern endete als „Werbetafel" für ein Kaufhaus in Liverpool und eine Teefirma in Dublin, ehe sie schließlich abgewrackt wurde (s. auch Bd. 6, SICHTBARE SCHIFFSMASCHINEN).

Die Boote der TITANIC

Der Untergang der TITANIC in der Nacht vom 14. zum 15. April 1912 ist so oft erzählt worden in Büchern, Zeitschriftenbeiträgen und Filmen, dass sie hier wahrlich nicht wiederholt werden muss – auch war sie kein Segelschiff mehr, denen diese ENZYKLOPÄDIE eigentlich gewidmet ist.
Ein Blick auf die Bei- bzw. Rettungsboote mag trotzdem ein in unserem Zusammenhang bedeutsames Detail noch aus dem Anfang des 20. Jahrhunderts liefern. Ihre Zahl hatte sich zwar im 19. und frühen 20. Jahrhundert kontinuierlich erhöht: Auf der TITANIC waren es 20 nebst zwei Hilfsbooten, kieloben auf einem Aufbau verzurrt. Sie boten Platz für 1178 Menschen. An Bord der TITANIC befanden sich freilich 2206 Personen (nach anderen Angaben sogar 2239)! Wenn also etwas passierte, dann gab es für 1028 Personen keine realistische Rettungsmöglichkeit. Dass bis zum Untergang nur 18 der 20 Boote zu Wasser gelassen wurden, dass einige der Boote mit nur 28 Personen statt der offiziellen 65 besetzt waren, dass

schließlich rund 500 Plätze in den Booten frei blieben, dass der Kapitän nicht sehr viel früher SOS gefunkt hatte, weil er die Luxuspassagiere persönlich aus dem Schlaf wecken wollte …

Kapitän Edward J. Smith war 62, ein alter, erfahrener, bei seinen Luxuspassagieren höchst beliebter Seebär mit dem höchsten Gehalt eines damaligen Schiffsoffiziers, dessen Fahrt mit der TITANIC seine letzte vor der Pensionierung sein sollte. Man hat ihn in allen möglichen Formen glorifiziert. *Aber* er war ein „Schönwetter-Kapitän", einer, der männlichen Passagieren Vertrauen einflößte, weibliche von sich schwärmen ließ – ein „Traumschiff"-Kommandant. Doch als es auf der TITANIC nach dem Zusammenprall mit dem Eisberg zur echten Notsituation kam, versagten offenbar seine Nerven und sein Verstand, so dass er gleich reihenweise falsche Befehle ausgab (s. u. a. der Beitrag „Titanic" im Heft von GEO Nr. 12/1997).

In der Bilanz von Toten und Geretteten steht sogar die MÉDUSE glanzvoll da, immerhin gelang es, gut die Hälfte der Menschen zu retten. Auf der TITANIC starben sehr weit *über* die Hälfte!

Drei Wochen nach dem Untergang der TITANIC ordnete das britische Handelsministerium an, dass auf jedem Passagierschiff für jede Person ein Platz in einem Rettungsboot sein müsse, den er auch zu kennen habe!

A

B

C

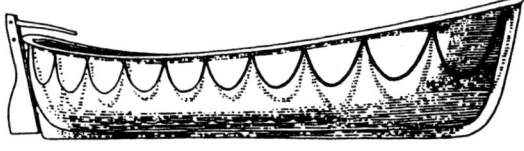

Rettungsboote: A. norwegisch 1893, B. englisch 1900, C. norwegisch 1940. (Zeichnungen in DAS GROßE BUCH DER SCHIFFSTYPEN, Berlin 1983)

Beiboote in der Antike

Über die Beiboote in der Antike weiß man kaum etwas Konkretes.

In Ägypten oder im Zweistromland gab es zwar jede Menge an Booten und Kleinfahrzeugen, doch dass sie von größeren Schiffen nachgeschleppt oder gar an Deck mitgeführt wurden, ist eher unwahrscheinlich. Die Ufer waren ja stets nah und so man Boote benötigte, lagen dort genügend jederzeit bereit (s. auch Band 11, ALLERLEI EXOTEN).

Auch von den Schiffen der Kreter, der ägäischen Bronzezeit, der Phönizier und sogar der griechischen Antike gibt es keinerlei Zeugnisse über Beiboote, auch wenn deren Schiffe längst über das offene Meer fuhren.

Björn Landström (DAS SCHIFF) und H. D. L. Viereck (DIE RÖMISCHE FLOTTE) zeichneten in ihren Rekonstruktionen römischer/kaiserzeitlicher Schiffe zwar durchaus vernünftig Beiboote ein. Einen Beweis dafür sind die Autoren uns freilich bislang schuldig geblieben – oder sollte (rot eingekringelt) auf dem Ostia-Relief tatsächlich der Vorsteven eines Beibootes zu erkennen sein?

Königin Hat-Schepsut (1461–1439 v. Chr.) ließ zwei riesige Obelisken von den Steinbrüchen bei Abu (heute Assuan) zu ihrem Totentempel bei Uêset (griechisch Theben, heute Karnak/Luxor) transportieren.

Der Obelisken-Prahm hatte mindestens 95 m Länge und 32 m Breite bei einem Tiefgang von rund 3 m mit 2500 Tonnen Wasserverdrängung. Geschleppt wurde das Monster von drei Gruppen Booten zu je 10 Booten. Die hohen Beamten, die das Ganze dirigierten und bewachten, fuhren auf ihren Booten (links unten) nebenher.

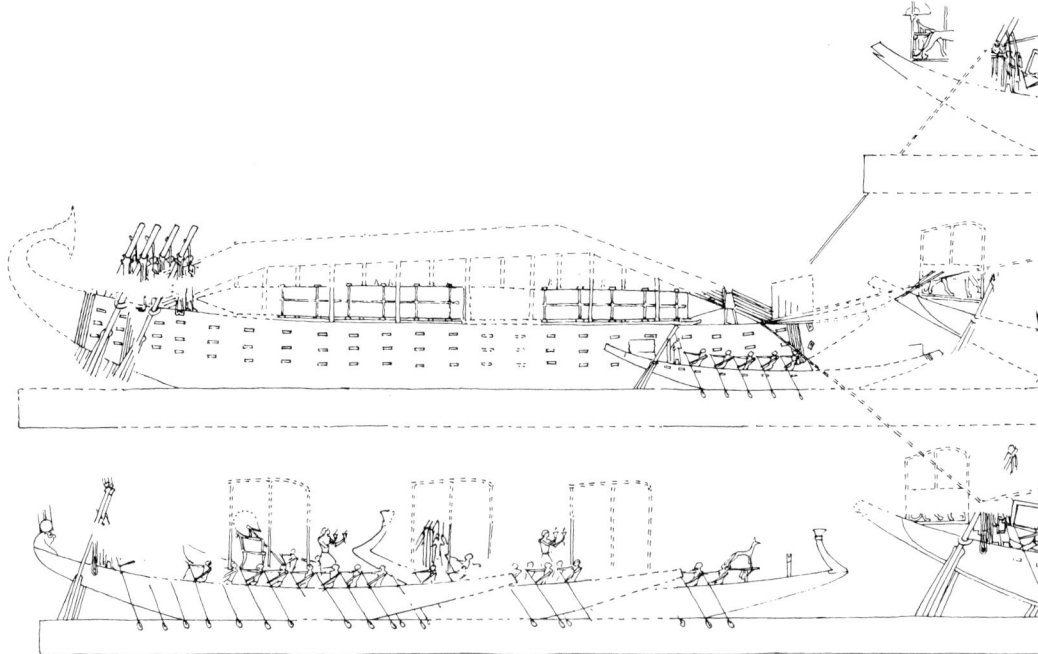

Eingesetztes Beiboot auf einem römischen Handelsschiff (3. Jh. n. Chr.) aus Ostia.
Rot eingekringelt könnte der Vorsteven solch eines Bootes sein.
(Zeichnungen von Björn Landström in DAS SCHIFF, *Stockholm)*

Und da ist noch ein kleines Boot zu sehen. Ein selbstständiger „Bugsierschlepper"!?
(Zeichnung von Björn Landström in DIE SCHIFFE DER PHARAONEN, *Stockholm)*

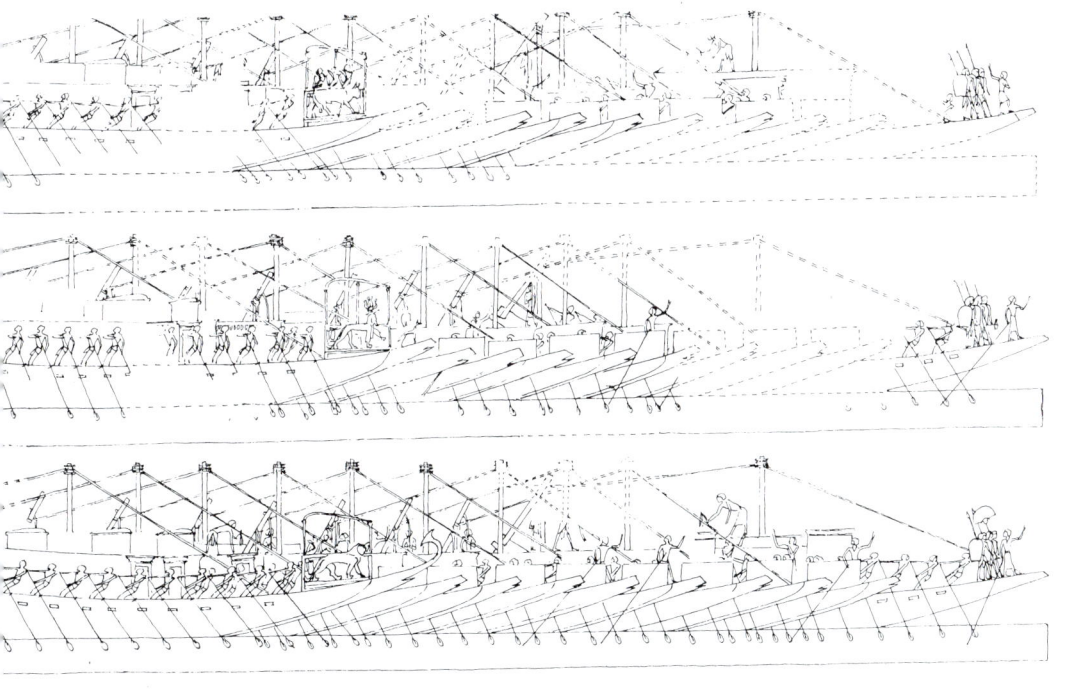

Sofern es solche Beiboote gegeben hat, so waren sie, wie damals im Mittelmeer üblich, fraglos „Spitzgatter", wie sie Herr Landström zeichnete. „Stumpf-" oder „Plattgatter", wie sie Herr Viereck zeichnete, gab es erst seit dem 15. Jahrhundert.

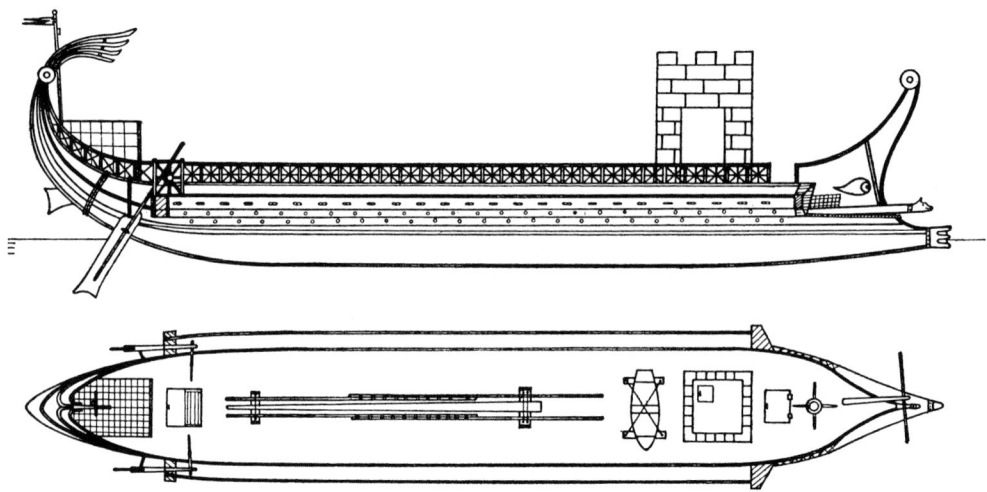

Eine römische „Trieris" (36 v. Chr.). Ein Beiboot macht durchaus Sinn, freilich nicht in dieser Aufstellung, die den Durchgang zum Vordeck gnadenlos versperrte.

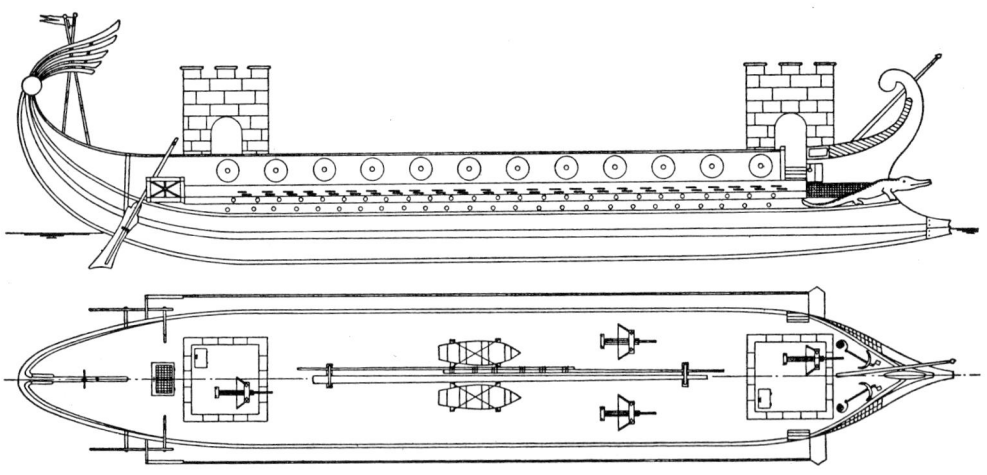

Eine römische „Quadriesis" (Großkampfschiff um 38. v. Chr.). Die Beiboote stehen hier durchaus sinnvoller.
Ein Rund- oder Plattgatt gab es freilich erst seit dem 15. Jh. n. Chr.!
(Zeichnungen von H. D. L. Viereck in Die römische Flotte)

22

Beiboote Frühmittelalter bis Ende 15. Jahrhundert

Seit dem frühen Mittelalter wird unser Wissen um Beiboote ganz entschieden realistischer, d. h. nachweisbar.

So verfügte das 1880 bei Gokstad von N. Nikolaysen gefundene Schiff eines Wikingerkönigs – vermutlich Olaf, Sohn des Gudröd, den seine tüchtige Gattin Åsa, durchaus berechtigt, auf dem „Donnerbalken" nach Walhall hatte befördern lassen – über drei „Faerings". Sie waren hervorragend gebaut mit Formsteven (s. Bd. 3.1, DER RUMPF, S. 47). Ob diese Boote wirklich alle von dem Schiff mitgeführt wurden, ist zweifelhaft, doch die Bedeutung solcher Beiboote ist unumstritten. Vermutlich wurden die Boote auf Fahrt nicht eingesetzt, sondern nachgeschleppt.

Das Stadtsiegel von Sandwich aus dem 13. Jahrhundert zeigt ein „eingesetztes" Beiboot, d. h. Boote wurden auf längeren Fahrten bereits an Bord genommen (s. auch Bd. 7, MASTEN UND RAHEN, S. 107). Sie waren durchgehend *Spitzgatter* wie auch die großen Schiffe.

Im 14. Jahrhundert änderte sich daran kaum etwas.

Im 15. Jahrhundert setzte sich im Mittelmeer das „Plattgat" weitgehend durch (s. auch Bd. 3.1, DER RUMPF, S. 86), das sehr viel einfacher zu bauen war. Und von dort machte es sich auch in Nordeuropa seit dem 17. Jahrhundert immer mehr breit, ohne weder dort noch im Mittelmeer deshalb das Spitzgatt völlig zu verdrängen. Diese Boote – ein bis maximal zwei Stück – konnten auf längeren Fahrten von größeren Schiffen vielfach eingesetzt werden, ansonsten wurden sie nachgeschleppt.

Stadtsiegel von Sandwich aus dem 13. Jahrhundert mit „eingesetztem" Beiboot. (Zeichnung von Werner Zimmermann, Augsburg)

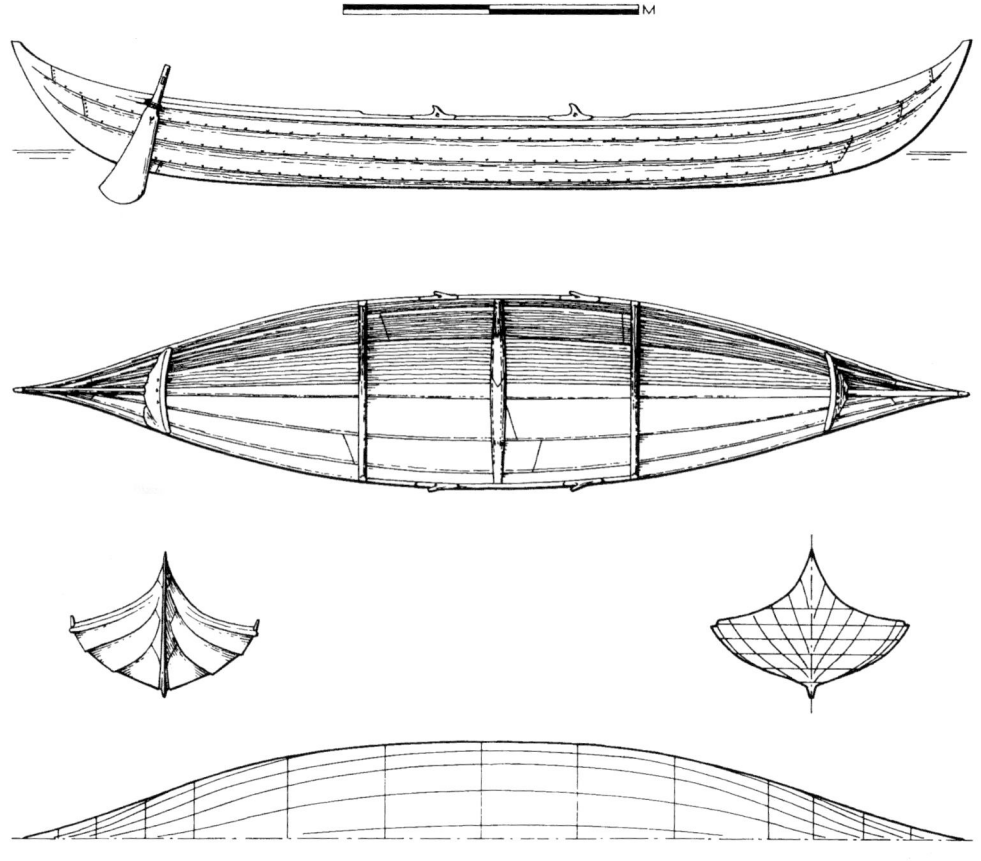

Kleines Beiboot (Faering = Vieruderer) aus dem Gokstad-Fund, Original aus dem
9. Jh. n. Chr.
(Zeichnung von Werner Zimmermann, Augsburg)

Beiboote bis Ende 16. Jahrhundert

Man sollte meinen, dass gerade auf großen Schiffen binnenbords wahrlich genug Platz für eingesetzte Beiboote gewesen sein müsste – und die Monsterkarracken und großen Galeonen dieses Jahrhunderts waren wirklich *groß!* So hatte etwa die Karracke JESUS VON LÜBECK um 1520 eine Länge zwischen den Loten von ca. 44,5 m. Die englische MARY ROSE, die 1545 vor Portsmouth sank und heute, wieder gehoben, im Museum in Portsmouth steht, hatte beinahe die gleiche Dimension. Bei der Rekonstruktion der Galeone SANTA MARÍA DEL PILAR

Bei der großen Karracke MARY ROSE von 1545 wird ein Beiboot nachgeschleppt (wie damals üblich!), weil es binnenbords keine vernünftige Möglichkeit gab, es aufzustellen. Gut zu sehen die Jakobsleiter, die vom Papageienstock zum Boot hinunterhing, s. auch Bd. 7, MASTEN UND RAHEN, S. 162/163.
(Zeichnung von Sir Anthony Anthony, um 1545)

Kuhlbrücke der großen Galeone SANTA MARIA DEL PILAR von 1535 (s. auch Bd. 8, BLÖCKE, TAUE UND SEGEL, S. 105).
(Modell von Wolfram zu Mondfeld, Hohenfurch, im Deutschen Technikmuseum, Berlin)

von 1535 für das Deutsche Technikmuseum in Berlin habe ich eine Länge zwischen den Loten von 36,5 m angesetzt.

Allerdings ist die obige Annahme zwar logisch richtig gedacht, historisch aber leider völlig daneben!

Gerade die Kuhl, wo man Beiboote einsetzen konnte, war auf diesen Schiffen von Spierendächern, auf welchen die Enterschutznetze (s. Band 4, DIE AUS-RÜSTUNG, Kap. Enterschutznetze) lagen, gnadenlos versperrt. Selbst eine kleine Jolle darunter herauszufummeln, wäre fraglos kläglich gescheitert.

Klartext: Gerade die großen Karracken und Galeonen des 16. Jahrhunderts konnten keine Beiboote an Bord nehmen, sondern schleppten dieses hinter sich her, wobei man es in der Regel nur über eine schwankende Jakobsleiter, die am achterlichen Ausleger/Papageienstock hing, erreichen konnte.

Eine Möglichkeit, ein Beiboot einzusetzen, wäre es gewesen, dieses auf die Kuhlbrücke zu stellen. So habe ich es auch bei der Flachdeck-Galeone BULL für das Internationale Maritime Museum Hamburg gebaut. Der Nachteil war freilich, dass jene Brücke zwischen Vor- und Achterschiff somit kaum noch passierbar war, d. h. in dem Fall eines Kampfes musste das Boot also doch ausgesetzt und nachgeschleppt werden.

Zumindest in Nordeuropa waren die Beiboote zu dieser Zeit noch immer Spitzgatter, wenn auch nicht mehr ganz so „spitz" wie zu Zeiten der Wikinger oder im frühen Mittelalter, sondern eher „Rundgatter", welche zwar durch ihre Bauart nicht mehr so schnell waren, dafür mehr Last aufnehmen konnten.

Im Mittelmeer baute man Schiffe und Boote traditionell kraveel, während man in Nordeuropa bis ins frühe 17. Jahrhundert durchgehend an der heimischen Klinkerbauweise festhielt; sie verschwand auch später nicht völlig, da die Unterkanten der überlappenden Planken wie kleine Schlingerkiele wirkten und so dem Boot bessere Stabilität verliehen.

Viele dieser großen, oft einzigen Beiboote verfügten bereits über die Möglichkeit, einen Mast und ein entsprechendes Segel zu setzen.

Eingesetztes Beiboot auf der Kuhlbrücke auf der englischen Flachdeckgaleone BULL um 1570 – derlei mag „auf Fahrt", nicht jedoch „im Gefecht" möglich gewesen sein. (Modell von Wolfram zu Mondfeld, Hohenfurch, in Internationales Maritimes Museum [Sammlung Peter Tamm], Hamburg)

Laut manchen Autoren wurde bereits um 1540 von der Englischen Admiralität in London ein gewisses System für mindestens zwei Beiboote eingeführt – *theoretisch* zumindest, denn *praktisch* lassen sich diese erst um 1570 nachweisen. Nun, die Admiralität in London war damals und für die nächsten Jahrhunderte mindestens ebenso regulierungswütig, was etwa Spantstärken, Taudicken oder eben auch Beiboote etc. anbelangte, wie heute die EU in Brüssel. Freilich mit einem gravierenden Unterschied: All diese Dinge lagen letztlich in der Verantwortung der Werften bzw. der jeweiligen Kapitäne. Echte Kontrollen gab es nicht. Nur wenn etwas schief ging, dann traten die Beamten der Admiralität in Funktion. D. h. ging alles gut, dann kümmerte sich niemand um Vorschriften. Ging freilich etwas (billiger) schief, dann hatte der „Sünder" allerdings mit schlimmsten Konsequenzen zu rechnen – im besten Fall, dass er seines Amtes enthoben wurde, im schlimmsten Fall, dass man ihm auf *Tower Hill* den Kopf abhackte (was freilich nur in extrem seltenen Fällen vorkam).

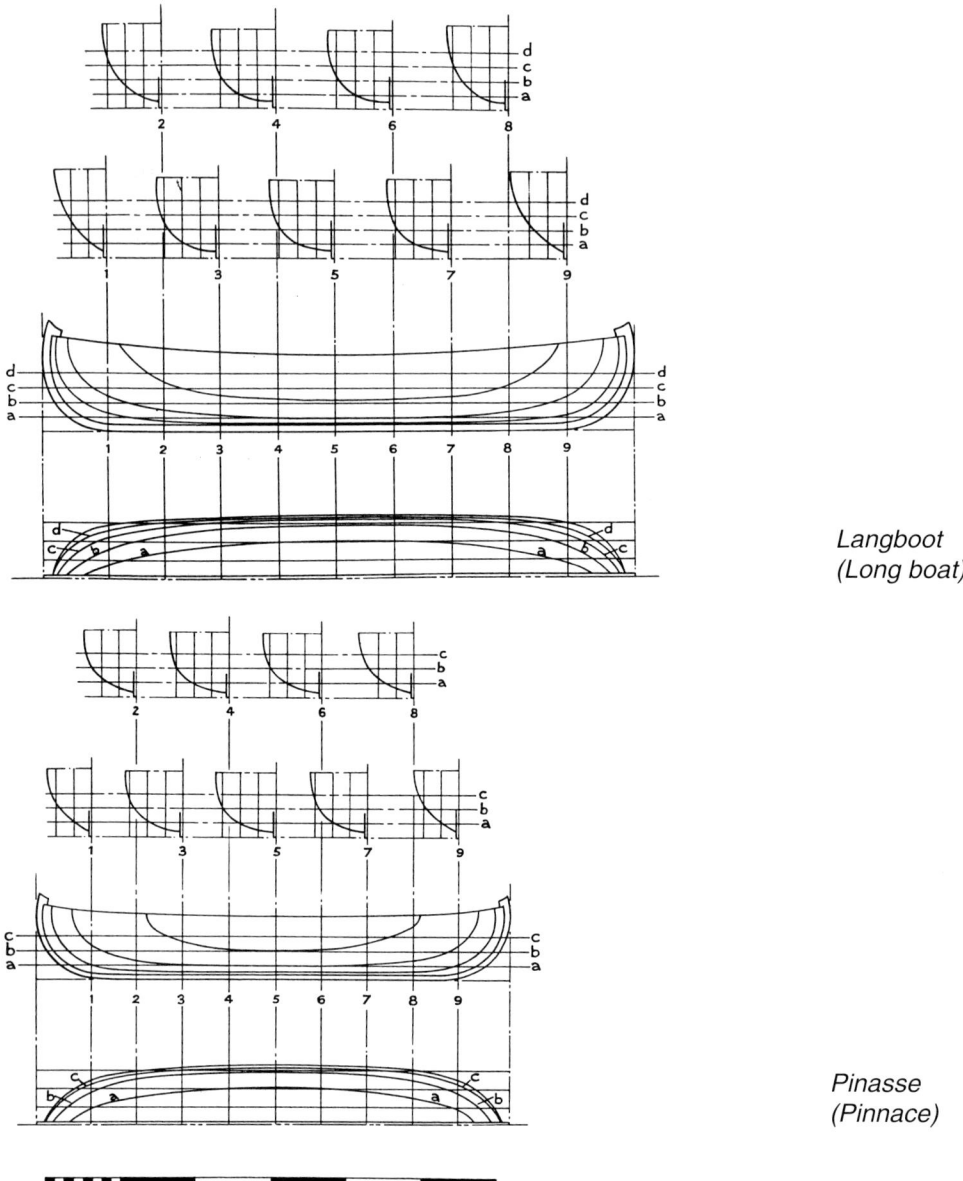

*Langboot
(Long boat)*

*Pinasse
(Pinnace)*

Beiboote einer elisabethanischen Galeone nach 1570.

28

Beiboote bis Ende 17. Jahrhundert

Das Nachschleppen von Booten brachte, außer auf sehr kleinen Schiffen, mehr Nach- als Vorteile: Bei rauer See schlugen die Boote leicht voll Wasser, sanken und mussten aufgegeben werden; sie wurden oft von den Wellen gegen das Achterschiff oder gar das Ruder des schleppenden Fahrzeugs geschleudert, was in aller Regel zu groben Schäden an Boot und Schiff führte; oder die Schleppleine brach und das Boot verschwand auf Nimmerwiedersehen.

Im späten 16. Jahrhundert gab man weitgehend die Enterschutznetze mit ihrem Spierengestänge auf; sie hatten sich nicht als wirklich effektiv erwiesen.
Auf einigen wirklich großen Kriegsschiffen ersetzte man in der ersten knappen Hälfte des 17. Jahrhunderts die Enterschutznetze durch feste Enterschutz-/ Grätings-Dächer zwischen Back und Schanz, so etwa auf den englischen Drei-deckern PRINCE ROYAL von 1610 und SOVEREIGN OF THE SEAS von 1637, oder den französischen Zweideckern SAINT LOUIS von 1628 und der LA COURONNE von 1636. Das Ergebnis war freilich noch schlechter, da man so einem enternden Feind gleich noch einen festen Boden statt eines nachgiebigen Netzes unter den Füßen bot (s. auch Bd. 4, DIE AUSRÜSTUNG, Kap. Enterschutzdächer). Immerhin waren diese so stabil, dass sie die eingesetzten Boote tragen konnten.

Die PRINCE ROYAL von 1610. Gut zu sehen, wie die Männer auf der Enterschutzgräting über der Kuhl, Schanz und Back stehen.
(Gemälde von Frans Hals im Frans-Hals-Museum in Haarlem)

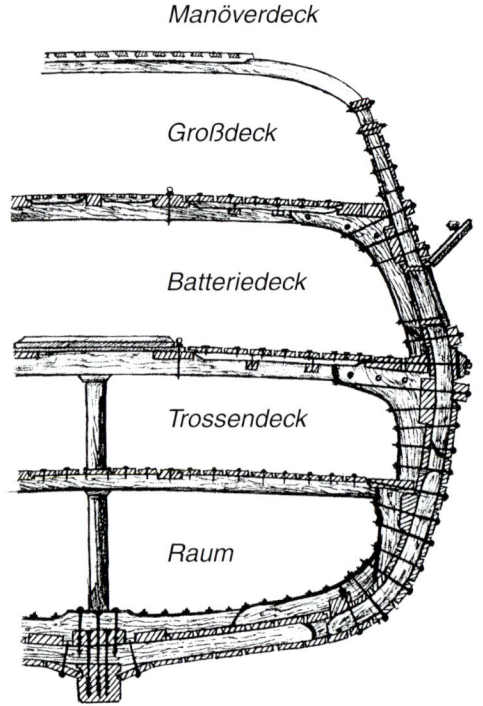

Manöverdeck

Großdeck

Batteriedeck

Trossendeck

Raum

Anstelle der Enterschutznetze wurden im 1. Drittel des 17. Jahrhunderts auf großen Schiffen mitunter Enterschutz-Grätings – auch als „Manöverdeck" bezeichnet – eingebaut, eine Technik, die sich freilich nicht durchsetzen konnte.
(Zeichnung von Elisabeth Gaudlitz-Holzschuher, Polling)

Kuhlbrücke

Nun hatte man also die Möglichkeit, von keinen Querspieren mehr behindert, die Boote in der Kuhl einzusetzen.

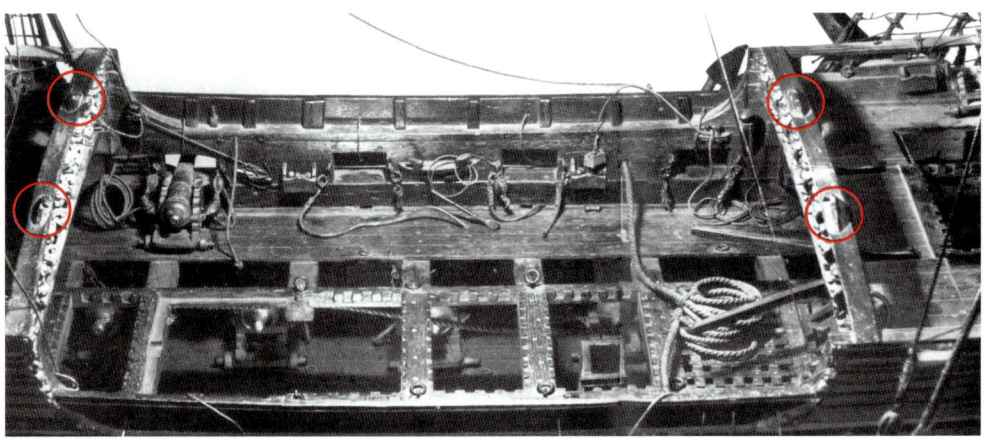

Fierbare Kuhlbrücke. Deutlich zu sehen auf dem HOLLÄNDISCHEN ZWEIDECKER von 1660/1670, wo an Back- und Schanzreling die Kuhlbrücke eingerastet wurde – rote Kringel. (Die Restauratoren hatten das Modell seinerzeit so weit wie möglich aus-einandergenommen).
(Abbildung in dem gleichnamigen Buch von Heinrich Winter, Rostock 1967)

Doch auch dies hatte noch, vor allem auf größeren Kriegsschiffen, so seine Tücken. Die Boote standen nun unter der mittig von Back nach Schanz verlaufenden Kuhlbrücke, auf die man keinesfalls verzichten wollte, um Männer im Gefecht oder auch nur zur Bedienung des Laufenden Gutes schnell von vorn nach hinten und umgekehrt verschieben zu können. Beim HOLLÄNDISCHEN ZWEIDECKER von 1660/70 war deshalb diese Brücke nicht fest eingebaut, sondern lose zwischen Back- und Schanzreling nur aufgelegt, damit man sie wegfieren konnte, um an die Boote zu gelangen – eine doch recht aufwendige Prozedur, die sich wohl nur im Hafen und allenfalls bei absolut ruhiger See, aber ganz gewiss nicht bei Sturm durchführen ließ (was nochmals beweist, dass Beiboote keinesfalls als „Rettungsboote" gedacht waren).

Einen durchaus klugen Einfall hatten gegen Ende des 17. Jahrhunderts die Engländer: Sie kürzten die Kuhlbrücke bis knapp vor den Großmast, wohin die an Tauenden zerrenden Matrosen noch kommen sollten, und versahen die Schanz

A

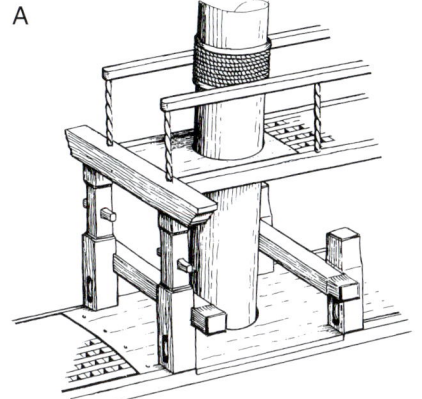

A: Kurze Kuhlbrücke bis knapp vor den Großmast.
B: Seitliche Teilbrücke mit Treppe.
(Beide Zeichnungen von John Franklin in NAVY BOARD SHIP MODELS 1650–1750, London 1989)

B

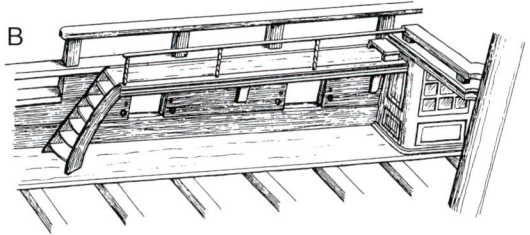

Englisches Linienschiff 3. Ranges YARMOUTH von 1748 mit kurzer Mittelbrücke und kurzen Seitenbrücken.
(Modell im National Maritime Museum in London-Greenwich)

31

mit kurzen, seitlichen Brücken nebst breiten, bequemen Treppen zum Großdeck hinunter am Schanzkleid des Großdecks (s. auch Bd. 4, DIE AUSRÜSTUNG, Kap. Niedergänge). So weit so gut, doch das eigentliche Problem einer schnellen Verbindung zwischen Schanz und Back war damit nicht wirklich gelöst.

Es war wohl Frankreich, das eine Optimallösung des Problems erfand: Dort teilte man die mittige Kuhlbrücke und setzte die beiden Teile steuerbord und backbord am Schanzkleid an. So blieb mittig die Kuhl mit den Booten offen, während die benötigten Männer seitlich problemlos von einer Position in eine andere wechseln konnten. So richtig glaubte man freilich an diese seitlichen Kuhlbrücken Ende des 17. und im frühen 18. Jahrhundert noch nicht, montierte sie allenfalls als provisorische Notlösungen.
Im 18. Jahrhundert wurden sie dann freilich, nun auch von Großbritannien übernommen, integraler Bestandteil zwischen Back- und Kampanje-/Schanzdeck.

Beiboote

Die Zahl der Beiboote lag, selbst bei großen Schiffen, in England zunächst bei zwei – einem Großboot (Longboat) und einer oft deutlich kleineren Barkasse

THE LENGTH, BREADTH, AND DEPTH OF BOATES BELONGING TO HIS MAJESTIE'S SHIPS *VIZT*.

		Length		Breadth		Depth	
		ft.	ins.	ft.	ins.	ft.	ins.
Soveraigne	Long boate	50	10	12	6	4	3
	Pinnace	36	0	9	6	3	3
	Skiffe	27	0	7	0	3	0
Prince	Long boate	44	8	11	0	4	0
	Pinnace	34	0	7	0	3	1
	Skiffe	25	0	6	6	2	9
Merhonor	Long boate	38	0	10	9	4	2
Tryumph	Pinnace	31	0	6	8	3	0
James	Skiffe	24	0	6	3	2	6

Boats for ships of the :—

		Length		Breadth		Depth	
2nd Ranke	Long boate	35	0	9	6	3	7
	Pinnace	29	0	7	0	2	8
	Skiffe	20	0	6	0	2	5
3rd Ranke	Long boate	33	0	8	6	3	4
	Pinnace	28	0	7	2	3	0
4th Ranke	Long boate	29	6	9	0	2	11
	Pinnace	22	0	6	0	2	3
5th Ranke	Long boate	24	10	7	9	2	10

Für englische Schiffe des 1. und 2. Ranges werden 1656 drei Beiboote aufgeführt.

(Pinnace), eventuell auch einer kleinen Jolle (Skiff), wie dies das Dokument von 1656 THE SIZE AND LENGTHS OF RIGGING BY EDWARD HAYWARD AND THE HAYWARD-KENDAL PAMPHLET CONTROVERSY realistisch angibt.

Andererseits werden in einer anderen Quelle von 1627 bereits fünf verschiedene Bootstypen benannt. Das heißt freilich *nicht*, dass all diese Boote auch gleichzeitig auf dem gleichen Schiff gefahren wurden!

Langboot (Longboat)	zwischen 52'0" und 21'3"
Barke (Barge)	36'9"
Pinasse (Pinnace)	zwischen 32'4" und 25'0"
Schalupe (Shallop)	27'
Jolle (Jollywatt oder Skiff)	zwischen 20' und 14'

Die Beiboote eines holländischen Zweideckers von 1660/1670.
(Foto von Wolf-Dietrich Wagner in DER HOLLÄNDISCHE ZWEIDECKER von 1660/1670)

Der Bau der Beiboote brachte eine generelle Veränderung: Bis dahin waren Spitz- bzw. Rundgatter im Norden Europas die absolute Norm gewesen. Jetzt setzten sich, aus dem Mittelmeer kommend, mehr und mehr Plattgatter durch. Und mit diesen begann auch der (keineswegs uneingeschränkte!) Siegeszug der kraweel gebauten Boote.

In der zweiten Hälfte des 17. Jahrhunderts begann man ebenfalls in Frankreich, die Größen der Boote, je nach Schiffsrang, in ein gewisses System zu bringen. Es galt zwar nur für die beiden großen Boote – *Langboot* (Chaloupe) und *Barkasse* (Canot). Real fuhren die meisten Schiffe inzwischen jedoch noch ein drittes, entsprechend kleineres Beiboot, die *Jolle* (Petit Beateau).

Die Nationen, die in ihrer Schiffsbauweise der englischen, französischen oder auch holländischen Vorgabe folgten, hielten sich auch bei den Beibooten an deren Regeln.

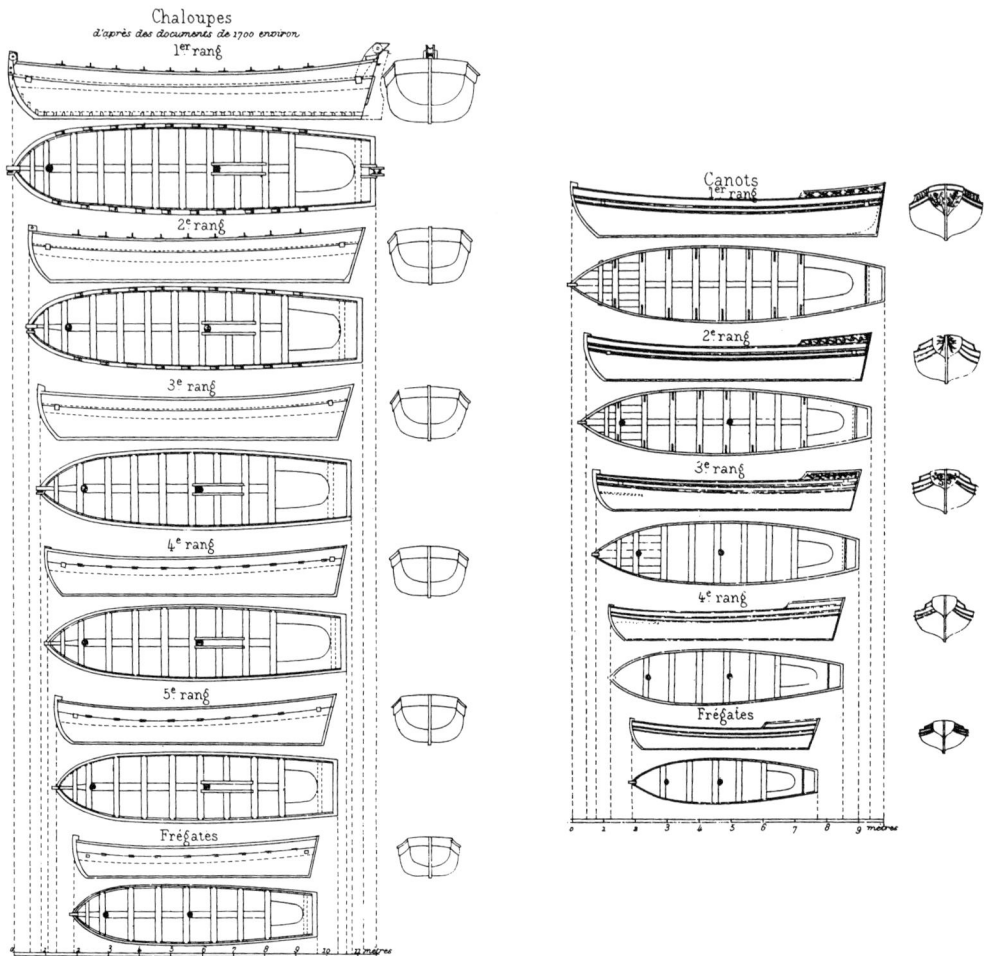

Französische Beiboote Chaloupe (Langboot) und Canot (Barkasse), wie sie im späten 17. und frühen 18. Jahrhundert offiziell Pflicht waren.
(Zeichnungen in Souveniers de Marine conservés von Edmond Pâris, Paris 1882–1892)

34

Beiboote bis Ende 18. Jahrhundert

Im 18. Jahrhundert vermehrten sich die Beiboote entschieden – wenn auch nicht zur Rettung irgendwelcher Personen, so doch für die Aufgaben im Hafen. Großboot war es stets nur eines. Dafür stieg die Zahl der Barkassen verschiedenster Größe oftmals beträchtlich. Dem Kapitän (und vornehmen Passagieren) stand nun eine eigene Jolle zur Verfügung. Dazu kam, vor allem auf kleineren Schiffen, oft noch ein Kleinboot, das als Dingi bezeichnet wurde. Aber Achtung! Schiffe, die eine Jolle an Bord hatten, verfügten in der Regel über kein Dingi, und umgekehrt.

Ende des 18. Jahrhunderts kam auf größeren Schiffen ein schlanker Spitzgatter hinzu, die Gig, die dem Kapitän und seinen Offizieren vorbehalten war. Diese Aufgabe hatte bis dahin zunächst eine kleinere Barkasse oder eine Jolle erfüllt.

Beiboote

Werfen wir nochmals einen genauen Blick auf die Beiboote, wie sie vom Hochmittelalter bis in die erste Hälfte des 19. Jahrhunderts üblich waren. Mehr zu Riemen und Skull finden Sie im Kap. Paddel, Skulls und Riemen, S. 55–62.

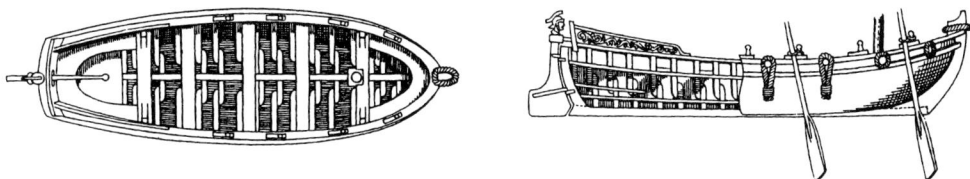

Niederländisches Beiboot 17. Jahrhundert mit Taubündeln als Fender.

Großboot (auch Langboot)

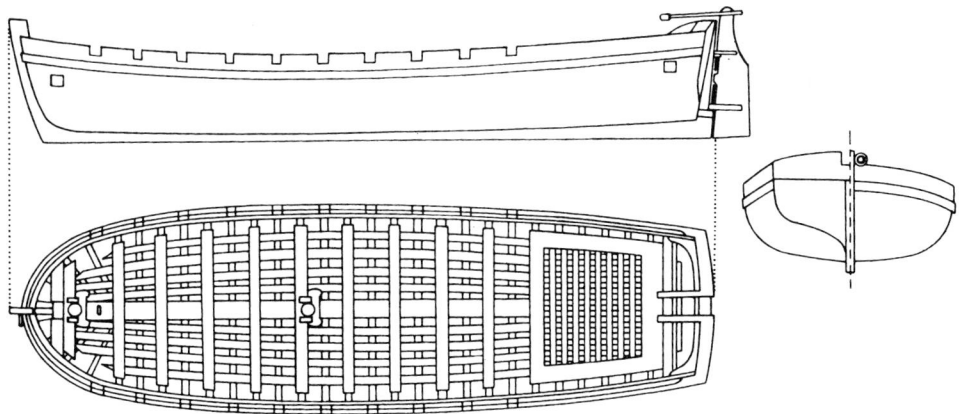

Großboot oder Langboot.

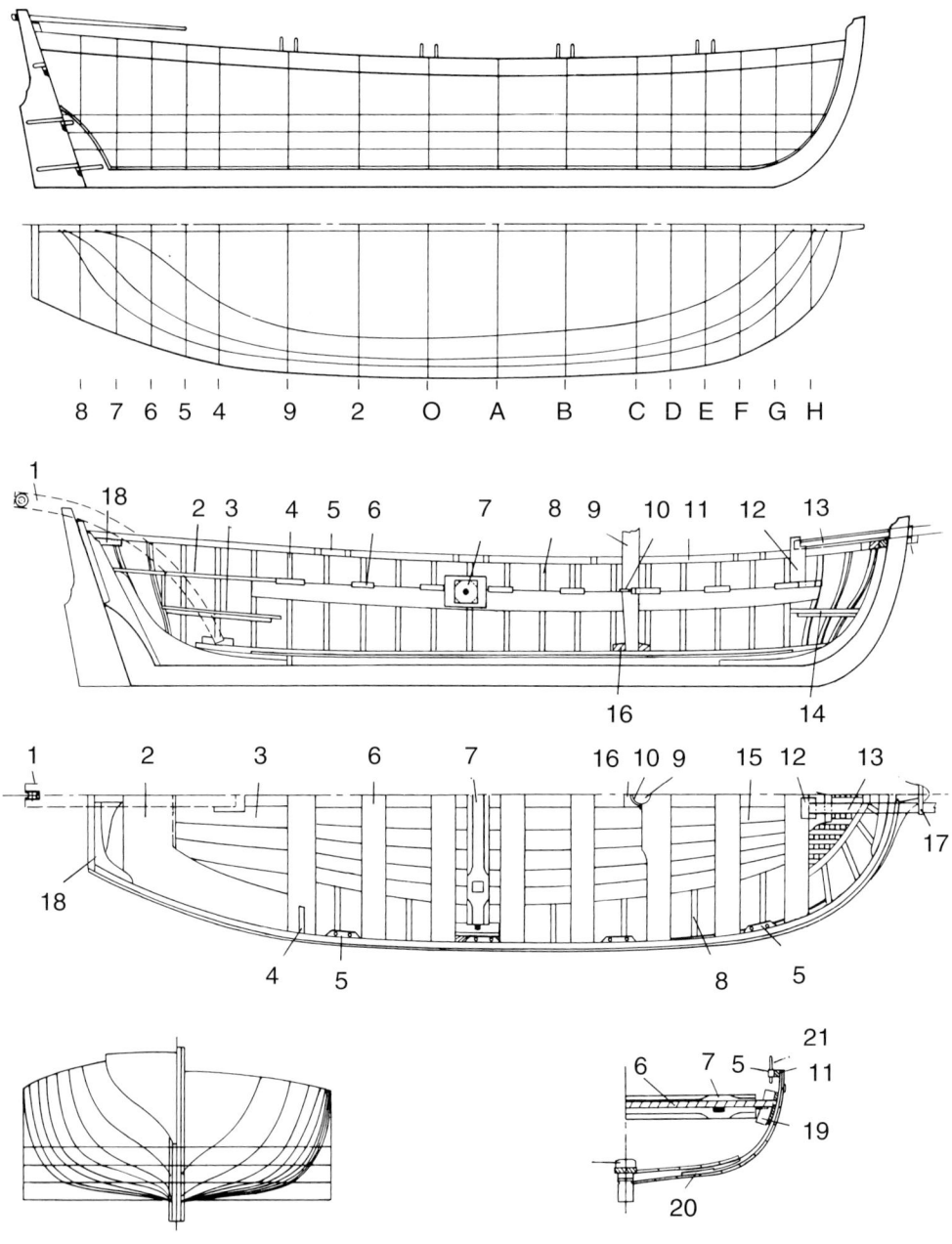

28ft (11,582 m) Longboat der 32-Kanonen US Fregatte ESSEX von 1799.
1. Kranausleger, 2. Heckbank, 3. Heckbodenplanken, 4. stehende Knie,
5. Dollenbretter, 6. Duchten, 7. Bratspill, 8. Spanten, 9. Mast, 10. Mastbindung (Eisen),
11. Reling, 12. Bugsprietfuß, 13. Bugspriet, 14. Gräting, 15. Bodenplanken,
16. Mastfuß, 17. Eisenbeschlag Bugspriet, 18. Achterknie, 19. Halterung für Bratspill,
20. Spantstoß, 21. Dolle.
(Zeichnungen von Portia Takakjian in THE 32-GUN FRIGATE ESSEX, London)

Bis Anfang des 17. Jahrhunderts war das Großboot oftmals das einzige Beiboot. Es war auf jeden Fall das größte Beiboot an Bord, seit dem 17. Jahrhundert mit bis zu 14 m Länge. Ausgelegt für fünf bis zehn Paar Skulls war es als Last- und Transportboot gedacht und wurde zum Setzen bzw. Aufholen des Ankers benutzt, weshalb es über eine kräftige Rolle am Vor- und/oder Achtersteven und gelegentlich ein Bratspill mittschiffs verfügte. Hierzu kam noch eine Segeleinrichtung.

Barkasse (auch Kutter)

Im frühen 17. Jahrhundert das zweite Beiboot an Bord. Ebenfalls als Last- und Transportboot eingesetzt. Sie verfügte über fünf bis acht Paar Skulls und eine Segeleinrichtung. Vielfach einsetzbar und nicht so ungefüg wie das Großboot, vermehrten sich die Barkassen unterschiedlichster Größe im 18. Jahrhundert fast kaninchenartig. Schiffe wie die YOUNG AMERICA oder die GREAT BRITAIN führten nur noch Barkassen mit sich. Ab Mitte des 19. Jahrhunderts waren sie gelegentlich sogar mit einer kleinen Dampfmaschine ausgerüstet.

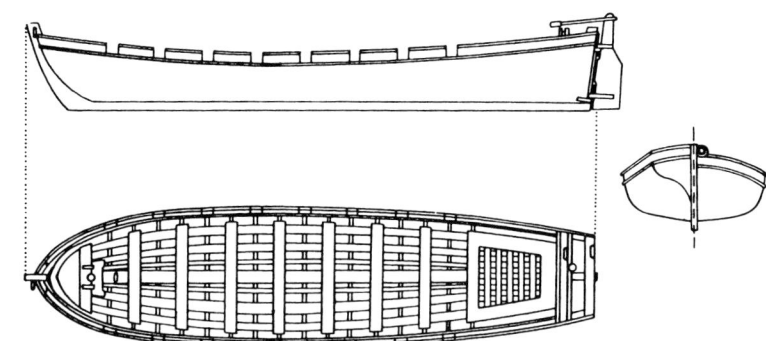

*Barkasse
oder Kutter*

Jolle

Boot für den Personentransport und für drei bis vier Paar Skulls eingerichtet. Im 18. Jahrhundert das kleinste Beiboot. Eine Segeleinrichtung gab es in der Regel nicht.

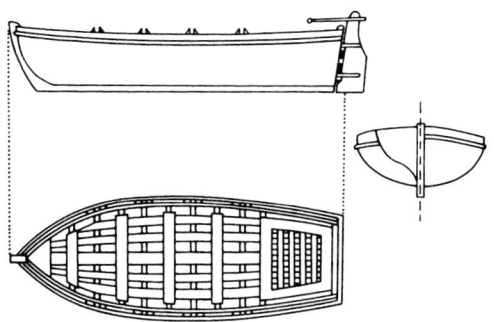

Jolle

Dingi

Das kleinste Beiboot für zwei bis drei Riemen oder Skullpaare und einer Länge von 3,5 bis 4 m ohne Segeleinrichtung. Das Dingi kam im späten 18. Jahrhundert vor allem bei kleinen Schiffen auf.

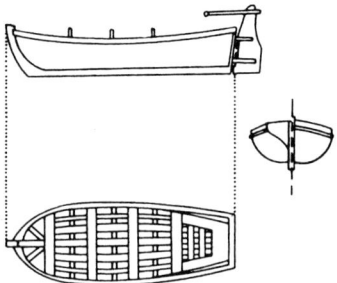

Dingi

Gig (manchmal auch Gick geschrieben)

Ein schmales, aber langes und vor allem schnelles Boot (Spitzgatter!) für den Personentransport mit drei Paar Riemen und ohne Segeleinrichtung. Die Gig ersetzte auf größeren Schiffen kleine Barkassen (s. auch die Beiboote der Aleksandr Nevskji, S. 51, 93) und vielfach auch Jollen. Sie stand ausschließlich dem Kapitän und allenfalls seinen Offizieren und auserwählten Passagieren zur Verfügung.

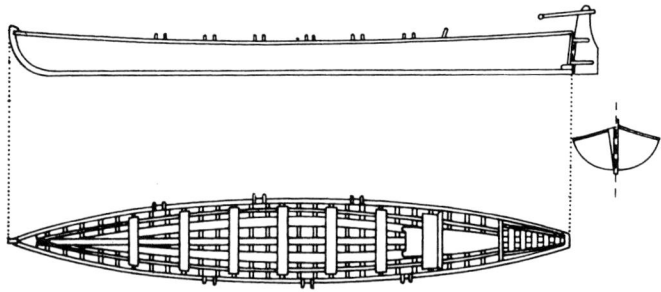

Gig

Im 18. Jahrhundert war die Gig noch relativ breit und unterschied sich in ihren Proportionen kaum von kleinen Barkassen. Auch stand sie noch bei den anderen Beibooten in oder auf der Kuhl.
Ihre extrem schlanke Form bekam sie Anfang des 19. Jahrhunderts. Und sie hing nun auch in aller Regel an den Heckdavits (s. hierzu auch S. 42, 98–101).

Beiboote 19. bis 20. Jahrhundert

In der ersten Hälfte des 19. Jahrhunderts verschwand das Großboot vielfach. Es wurde mehr und mehr durch Barkassen ersetzt, auch wenn man die größte Barkasse oft gerne noch als „Großboot" bezeichnete.

Die HMS VICTORY von 1805 verfügte inzwischen über 7 Beiboote: ein Großboot, zwei unterschiedlich große Barkassen und eine Jolle, die über der Kuhl gestapelt waren; dazu zwei Barkassen, die an den Davits im Heckbereich hingen, und eine Gig an den Heckdavits.

Die französische Fregatte 1. Ranges (60 Kanonen) LA BELLE POULE von 1834 verfügte über ein Großboot, zwei Barkassen und eine Jolle, die auf der Kuhl gestapelt standen, dazu in den seitlichen Davits vier Barkassen und an den Heckdavits eine Barkasse und die Gig.

Das engl. Passagierschiff GREAT BRITAIN von 1845 hatte vier, wenig später sechs Boote (Barkassen) in den Davits hängen und eines an Deck gestapelt.

Der US-Extremklipper YOUNG AMERICA von 1853 verfügte über zwei Boote (Barkassen) in den Davits und vier Boote, die auf dem Deckshaus gestapelt waren.

Das reale Problem dieser Boote war, dass außer den in den Davits hängenden Booten alle anderen kieloben auf Dächern der Aufbauten gefahren wurden. Im Klartext: Sie waren im Zweifelsfall nur sehr mühsam zu Wasser zu bringen, aber zur Rettung von Passagieren und Mannschaft ohnehin nur in sehr begrenztem Maß gedacht.

Gegen Ende des 19. Jahrhundert versuchte die Kaiserlich-Preußische Marine, in das Wirrwar von Bootstypen und Bauformen eine Ordnung zu bringen und Standards aufzustellen – freilich auch nur mit eher mäßigem Erfolg.

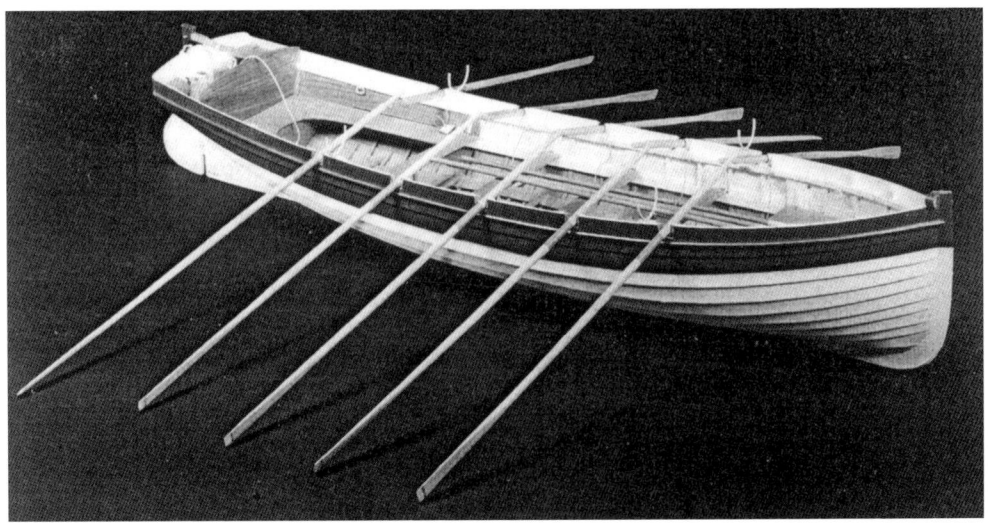

Ein Kutter der Klasse IV der Kaiserlich-Preußischen Marine 1875.
(Modell von R. Teuber im Deutschen Museum in München)

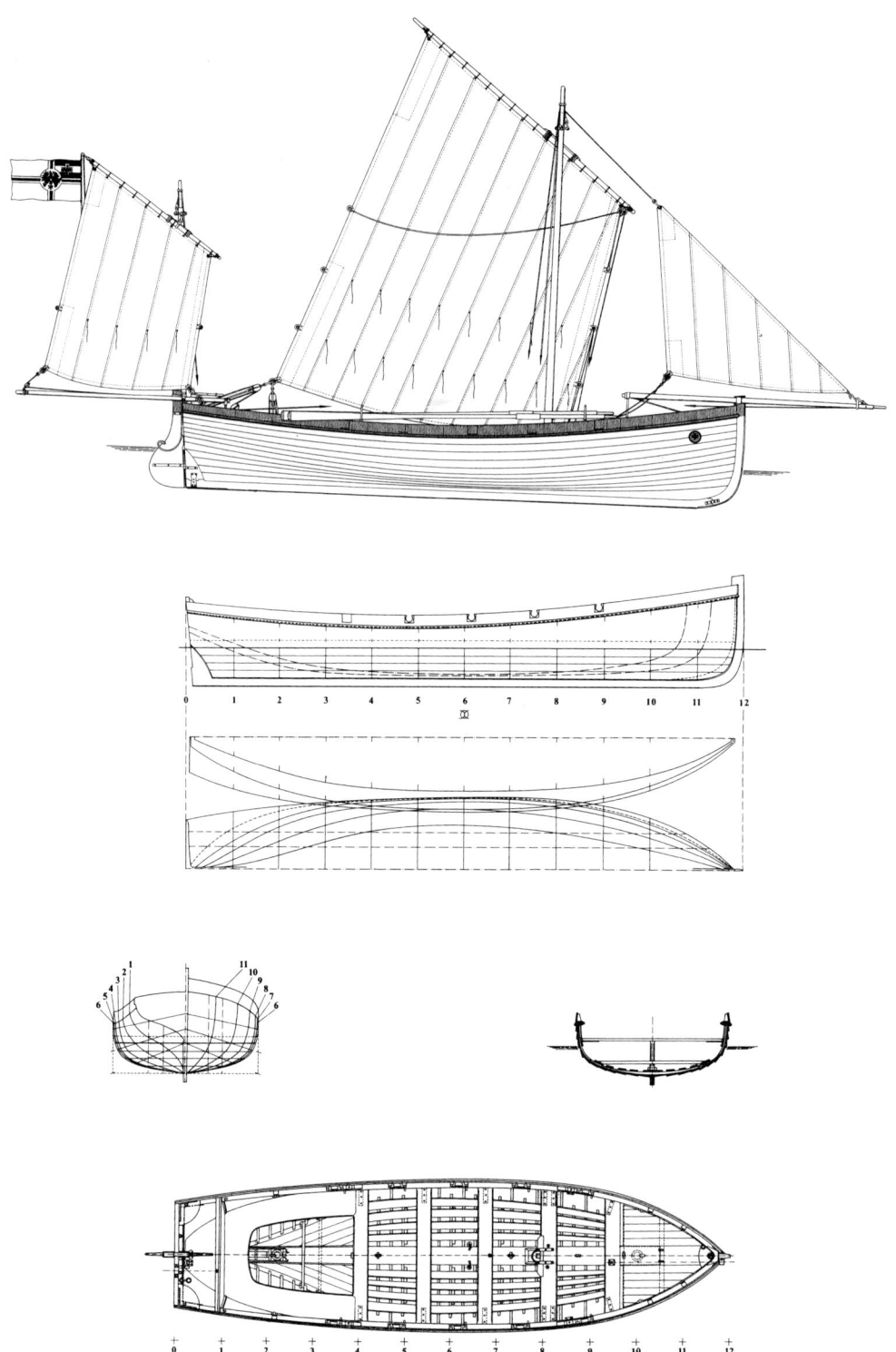

0   1   2   3   4   5   6   7   8   9   10 11 12

0   1   2   3   4   5   6   7   8   9   10 11 12

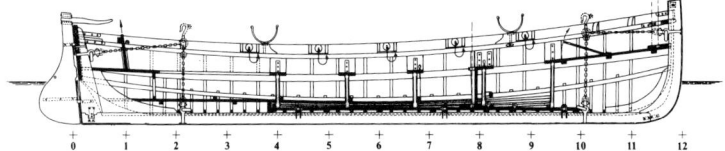

Beiboot der Kaiserlich-Preußischen Marine Ende des 19. Jahrhunderts.
Länge über Steven: 7,5 m; größte Breite: 2,0 m; Anzahl der Riemen: 8; Masten/Segel: 2;
Leergewicht: 880 kg; Tragfähigkeit max: 3000 kg; Fassungvermögen: 28 Personen.
(Zeichnungen Peter Rückert, Augsburg)

Beiboot mit Segeln der Kaiserlich-Preußischen Marine um 1900.
(Modell aus der Sammlung von Prof. Dr. Herbert Schneekluth, Aachen)

Originalfotografie eines Beibootes der Kaiserlich-Preußischen Marine um 1900.

LA BELLE POULE, Fregatte 1. Ranges mit 60 Kanonen von 1834–1861 mit ihren Beibooten: drei in der Kuhl, vier an den Seitendavits und zwei an den Heckdavits. (Spitzenmodell im Musée de la Marine in Paris)

Ausbau von Beibooten

Beiboote mögen nach den verschiedensten Prinzipien gebaut worden sein, letztlich glichen sie sich doch im Prinzip.

Schale

Die Schale nebst Kiel, Steven, Spanten und Beplankung war (logischerweise!) unumgänglich, gleichgültig ob das Boot klinker oder kraweel geplankt war, weitgehend identisch. Da die Außenschale stets sehr dünn war, waren die Spanten stets sichtbar.

Dollbord

Auch Setzbord genannt. Nach oben wurde die Plankung vom Dollbord abgedeckt, einem Holz etwa knapp doppelt so dick wie die Plankenstärke.

Dollbordwegerung

Ein Holz, das häufig unmittelbar unter dem Dollbord verlief und dieses stützen sollte – etwa 3 Plankenbreiten tief und so breit, dass es mit dem Dollbord binnenbords abschloss.

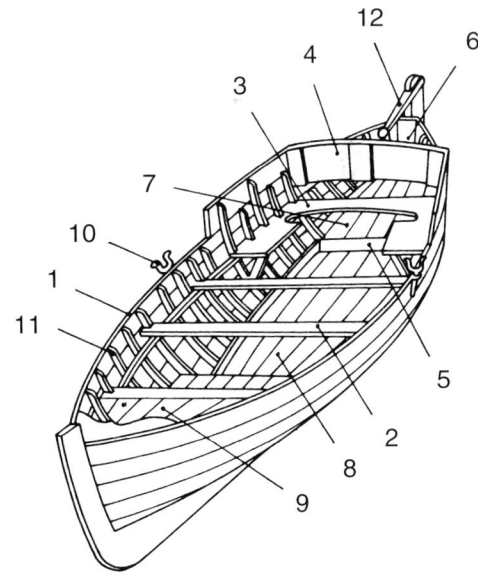

Teile eines Beiboots:
1. Dollbord oder Setzbord, 2. Duchten (Sitzbänke), 3. Heckbank, 4. Lehnbrett, 5. Heckkammer, 6. Steuersitz, 7. Garnierung, 8. Bodenwegerung, 9. Bugfach, 10. Dollen, 11. Spanten, 12. Ruderpinne.

Abstand der Dollen

Der Abstand der Dollen, oder auch der Öffnungen für die Skulls/Riemen, berechnete sich stets aus dem Bewegungsraum, den ein Ruderer braucht.
Dieser war nahezu stets identisch. In der Antike und dem Mittelalter vielleicht ein wenig kleiner, da die Menschen auch kleiner waren, im 19. Jahrhundert, als die Menschen größer wurden, auch etwas größer.
Bei den Wikingern betrug dieser Abstand „sesser" bzw. „rúm" (Sitze oder Räume) 960 mm. Es war das Grundmaß all ihrer Schiffe und Boote. Und daran hat sich in den folgenden Jahrhunderten so wenig geändert, dass dieses Maß auch für die Antike und die Vorzeit angenommen werden darf.

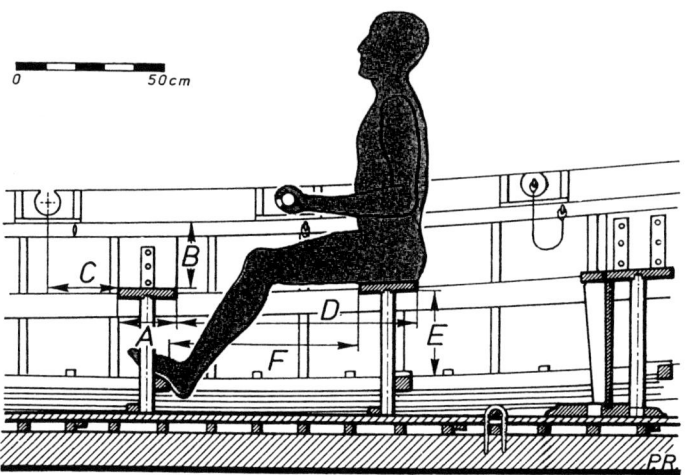

Der notwendige Platz für einen Ruderer: A. Breite Ducht ca. 190 mm. B. Oberkante Ducht bis Oberkante Schandeckel nicht höher als 230 mm bis 240 mm. Bei Skulls/Riemen über 5 m Länge nicht höher als maximal 300 mm, C. Entfernung Vorderkante Ducht bis Achse des eingelegten Skulls/Riemen 238 bis 241 mm. D. Duchtentfernung untereinander – Hinterkante bis Hinterkante – Barkasse, Pinasse, Kutter 840 bis 845 mm, Gig, Walfischboot, Jolle 800 mm. E. Ist die Bootstiefe zu groß, kommen 410 mm unter Duchtunterkante Fußleisten quer über, sonst auf Bodenwegerung genagelt. F. Entfernung Duchtvorkante bis Achterkante 650 bis 750 mm (Beinfreiheit). (Zeichnung Peter Rückert, Augsburg)

Dollen

Im Dollbord wurden die Dollen eingesetzt, welche den Riemen/Skulls als Drehpunkt dienten. Es gab sie in den verschiedensten Formen.

Tauschlaufen

Die älteste Methode, bei der Tauschlaufen am Dollbord befestigt wurden, durch die man dann die Handhabe gewöhnlich eines Skulls steckte. Diese Schlaufen nützten sich freilich im Betrieb sehr schnell ab und mussten also in kurzen Abständen erneuert werden.

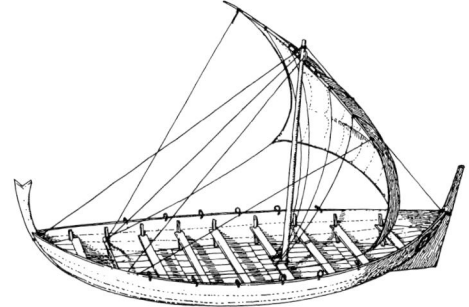

Für ein kretisches Schiff der Bronzezeit hat Björn Landström sehr schön solche Tauschlaufen für Skulls eingezeichnet. (Zeichnung von Björn Landström in Das Schiff, Gütersloh 1973)

Nageldollen
Einfacher Holzpflock: Die simpelste Methode, wie sie von der Antike bis heute (bei kleinen Fischereifahrzeugen) verwendet wurde/wird. Nachteil ist, dass der Rudernde sein Skull bzw. Riemen sehr gut beherrschen muss, damit dieses nicht auf dem Dollbord nach hinten wegrutscht. Oft wurden Skull/Riemen deshalb mit einer lockeren Tauschlaufe an den Pflock gebunden.

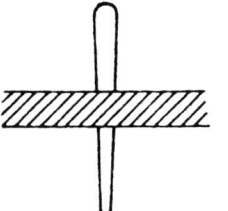

Einfache Holzdolle.
Von der Antike, auf Kleinfahrzeugen, bis ins 21. Jahrhundert verwendet.

Doppelte Holzpflöcke: Aus diesem Grund wurde gerne ein zweiter Holzpflock jeweils achterlich gesetzt und Skull/Riemen zwischen den Pflöcken hindurchgeführt. Auch diese Methode gab es wohl schon seit der Antike.
Einfacher Belegnagel: Natürlich ist die Bezeichnung „Belegnagel" sachlich falsch, denn an ihm wurden keine Taue „belegt" – er sah so nur entschieden „eleganter" aus. Seit dem 17. Jahrhundert allgemein beliebt.

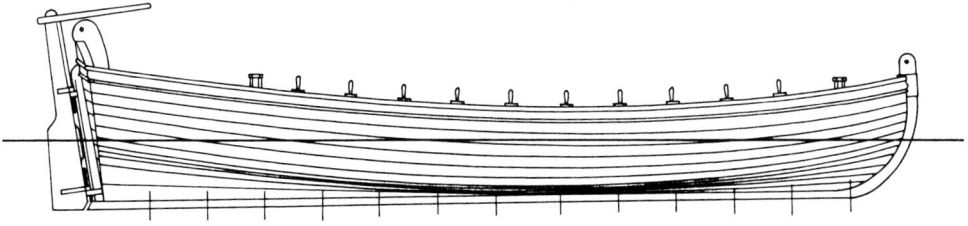

Noch im 18. Jahrhundert waren einzelne Skull-/Riemendollen keine Seltenheit, auch wenn man sie nun gelegentlich mit eisernen Ringbolzen ausstattete, durch welche man entsprechende Haltetaue winden konnte.
(Zeichnung Jean Boudriot in Le Vaisseau de 74 Canons um 1770, Grenoble 1975)

Doppelte Belegnägel: Sie waren nichts anderes als doppelte Holzpflöcke in „eleganterer" Form. Ebenfalls seit dem 17. Jahrhundert allgemein beliebt. Seit dem 17. Jahrhundert polsterte man das Dollbord im Bereich dieser Holzpflöcke/Belegnägel gerne mit einem entsprechenden Stück Holz auf, damit das Dollbord nicht allzu sehr beansprucht wurde.

Eiserner Dollennagel: Seit dem 19. Jahrhundert wurden einfache/doppelte Pflöcke vielfach durch eiserne ersetzt.

Bei den Galeeren im Mittelmeer spanischer/französischer Bauart wurden seit dem 16. Jahrhundert (vielleicht sogar schon früher) vielfach einfache, schwere, eiserne Dollennägel eingesetzt als Drehpunkt für die gewaltigen Riemen, die von vier bis sieben Mann bedient werden mussten. Zunächst wurden die Riemen mit Tauschlaufen angebunden, im 17. Jahrhundert setzte sich vor allem in Frankreich durch, die Riemen mit einem schweren Eisenring auszustatten, der dann über die Dolle gestülpt werden konnte (s. auch Bd. 11, ALLERLEI EXOTEN, Kap. Galeeren). Das Dollbord dieser Schiffe war ebenfalls prinzipiell mit untergelegten Hölzern aufgepolstert.

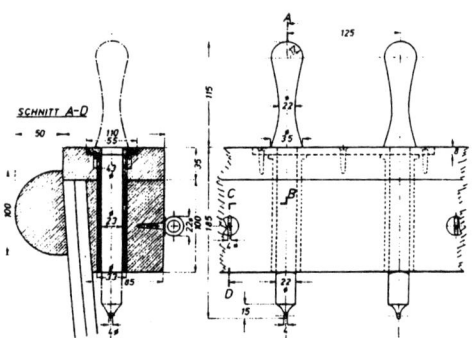

Eiserne Dollen im späten 19. und frühen 20. Jahrhundert von Beibooten der Kaiserlich-Preußischen Marine. Auch bei anderen Marinen hatten sie, ob Holz oder Eisen, ähnliche Dimensionen. (Zeichnung Peter Rückert, Augsburg)

Klampen

Hakenklampe: An das Dollbord gebunden, später vermutlich aufgenagelt, gaben sie dem Ruderer für Skull/Riemen guten Halt. Vor allem die Wikinger bevorzugten diese Bauweise, die weitgehend wohl noch bis ins frühe 14. Jahrhundert in Nordeuropa verwendet wurde. Hervorragende Beispiele dafür stellen das Gokstad-Faering um 800 v. Chr. dar. Oder auch das Nydam-Schiff von ca. 400–550, das heute im Landesmuseum für Vor- und Frühgeschichte in Schleswig steht. Die Klampen hatten mittig sogar ein Loch, so dass angenommen werden muss, dass die Skulls/Riemen damit auch für weniger erfahrene Ruderer ordentlich auf ihrem erwünschten Platz gehalten werden konnten.

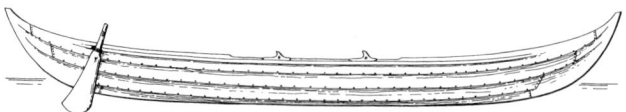

Das Faering um 850 aus dem GOKSTAD-Fund mit Hakenklampen (s. auch S. 24). (Zeichnung von Werner Zimmermann, Augsburg)

Am NYDAM-*Schiff Ende des 5. Jahrhunderts kann man besonders gut die Haken-*
klampen für die Ruderer erkennen.
(Originalschiff im Landesmuseum Schleswig im Schloss Gottorf)

Hakenklampe wie sie in Nordeuropa seit
der Wikingerzeit (möglicherweise sogar
schon früher) teilweise bis ins Hochmittel-
alter gefahren wurde.

Doppelklampen: Vom 14. bis Anfang des 20. Jahrhunderts war dies die wohl häufigste Form von Skull/Riemen-Klampen (vor allem auf größeren Beibooten), zwischen denen die Skull/Riemen eingelegt werden konnten. Ihre Ausformung war zeitlich und regional verschieden, das Prinzip blieb freilich stets gleich.

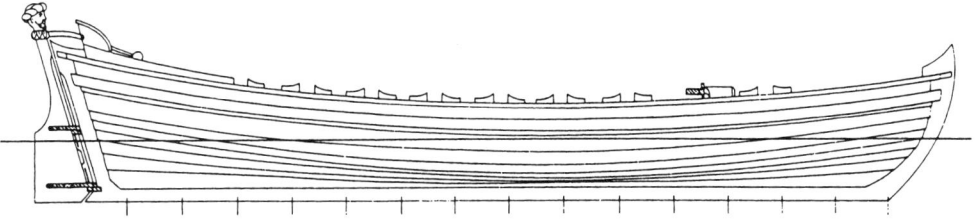

Kutter des Regalschiffs WASA von 1628 mit Doppelklampen (s. auch S. 33).

Gabeln
Hohe hölzerne Gabeln: Sie erscheinen eigentlich nur auf venezianischen Gondeln und ähnlichen Booten, die in der Lagune von Venedig oder in der nördlichen Adria mit Wrickriemen oft auf engstem Raum manövrieren mussten.

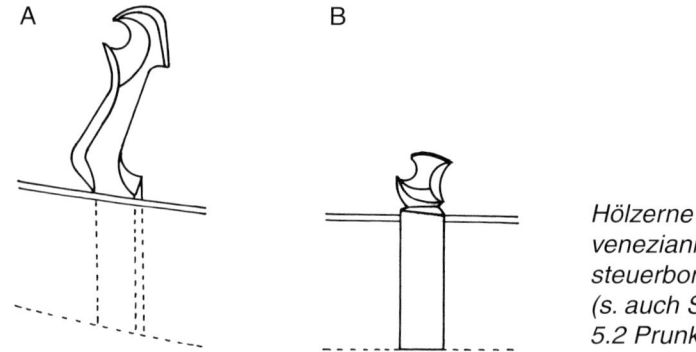

Hölzerne Wrickriemengabeln venezianischer Gondeln: A achtern steuerbord, B vorne backbord. (s. auch S. 207–210 und Kapitel 5.2 Prunkboote)

Eiserne Gabeln: Sie kamen im späten 18. Jahrhundert auf und sind vielfach bis heute in Gebrauch.

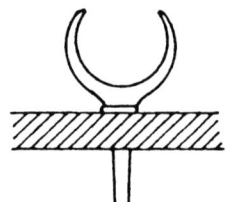

Eiserne Riemengabel, wie seit dem späten 19. Jahrhundert allgemein üblich.

Nicht nur die Kaiserlich-Preußische Marine experimentierte im späten 18. und frühen 19. Jahrhundert mit allerlei Formen eiserner Riemengabeln.

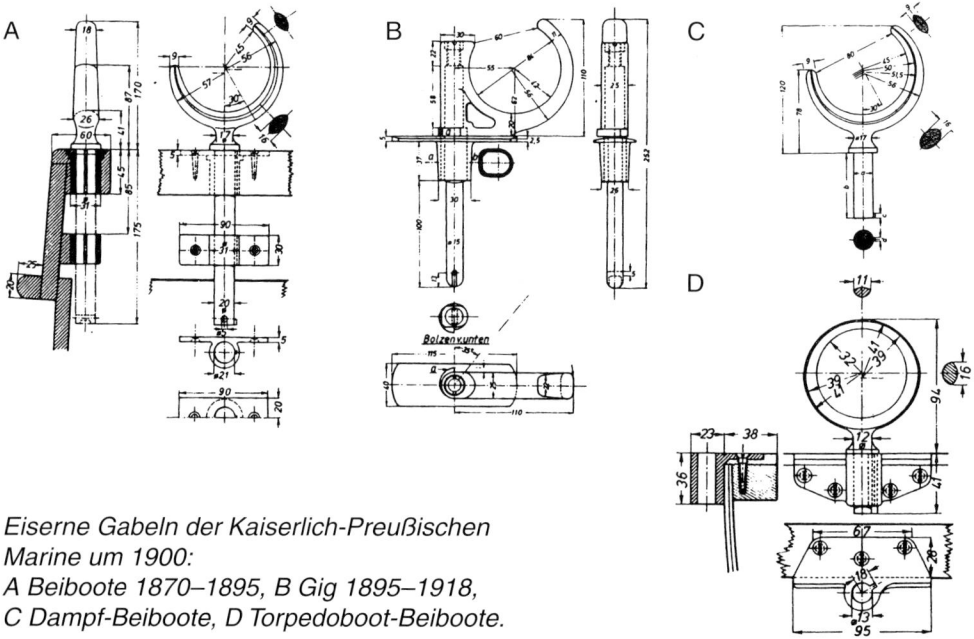

Eiserne Gabeln der Kaiserlich-Preußischen Marine um 1900:
A Beiboote 1870–1895, B Gig 1895–1918,
C Dampf-Beiboote, D Torpedoboot-Beiboote.

48

Rundseln

Eine Mischung aus Öffnungen (Rojepforte) in der Bordwand, die im Zweifelsfall mit einem Brett verschlossen werden konnte, und einer entsprechend rund
ausgeschnittenen Binnenverstärkung, in welche die Skulls/Riemen eingelegt
werden konnten.

Vor allem die Kaiserlich-Preußische Marine im späten 19. und frühen 20. Jahrhundert bevorzugte diese Form. Oft waren die Rundseln binnenbords mit Eisen
beschlagen.

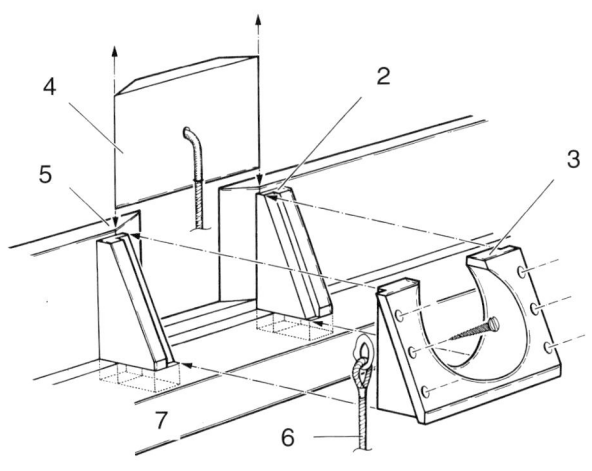

*Explosionszeichnung einer
Rojerpforte mit Rundsel:
1. Ausschnitt im Setzbord
und Außenplankung, 2. Rund-
selstütze, 3. Rojeklampe,
4. Pfortendeckel, 5. Setzbord,
6. Pfortenbänsel, 7. Dollbord.
(Zeichnung Peter Rückert,
Augsburg)*

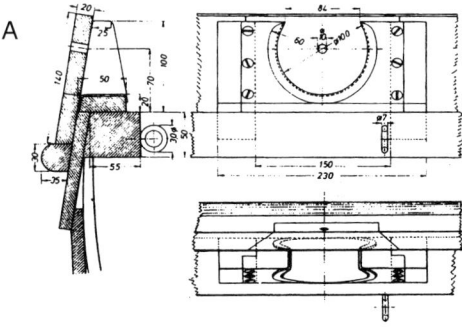

*Rundseln der Kaiserlich-Preußischen
Marine:
A. 1870 bis 1890
B. 1890 bis 1907
C. 1907 bis 1918*

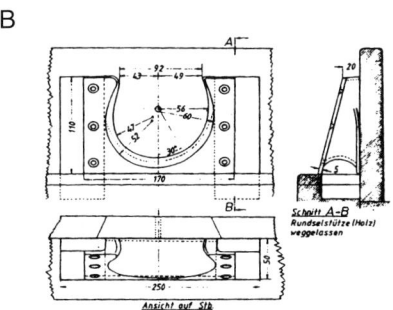

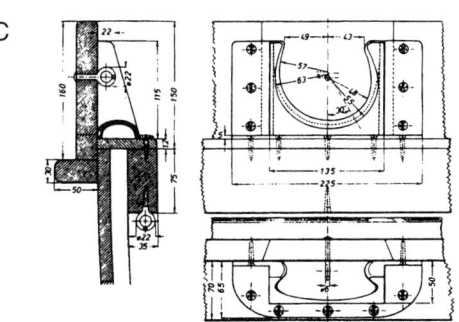

49

Binnenwegerung

Eine bis zu drei Plankenstärken hohe und 1,5 bis 2 Plankenbreiten starke Planke, auf der die Duchten seitlich auflagen.

Bodenwegerung

Der Boden eines Bootes war mit einer Bodenwegerung ausgekleidet, um Mannschaft und Passagieren eine ebene Trittfläche zu bieten. Im Bug und Heckbereich waren sie seit dem 18. Jahrhundert vielfach auch als Grätings („Garnierung") ausgebildet.

Duchten

Die Sitzbänke der rudernden Mannschaft. Sie sind durchschnittlich 25 cm breit und so dick wie die Beplankung (eventuell einen Tick stärker). Der Abstand zwischen den Duchten betrug ca. 1,0 bis 1,1 m – also so viel, wie ein Ruderer an Bewegungsfreiheit braucht (daran hat sich seit den Zeiten der Wikinger nie etwas ernsthaft geändert!). Mittig waren die Duchten durch ein kleines, meist rundes Holz gegen das Durchbiegen gesichert.

Fußleiste

Im 18. Jahrhundert (möglicherweise schon früher) wurden unter dem Sitz des Vordermanns Fußleisten angebracht, damit sich der Ruderer mit seinen Füßen optimal abstützen konnte.

Heckbank

Hier saßen die „besseren" Passagiere, die nicht zu rudern brauchten. Mitunter war diese Bank sogar mit einer bequemen Rückenlehne ausgestattet.

Bugfach

Vielfach seit dem 18. Jahrhundert befand sich ein im Bug eingebauter Kasten, in dem verschiedene Ausrüstungsteile (s. übernächstes Kap.) verstaut wurden.

Heckfach

Ein ähnlicher, jedoch flacherer Kasten befand sich zeitweilig auch im Heck unter der Heckbank. Er verschwand, außer auf kleinen Fischereifahrzeugen, sehr schnell wieder und wurde durch eine Gräting ersetzt.

Kranrolle und Kranbalken

Seit dem 18. Jahrhundert hatte das größte Beiboot oftmals eine Einrichtung, um den Anker platzgenau zu setzen bzw. wieder aufzuholen. Dazu dienten mittig ein Bratspill (s. auch S. 36) und Rollen am Bug bzw. über einen Kranbalken am Heck geführte Rollen für die entsprechenden Hilfstaue. Französische, und nach ihrem Vorbild gebaute, Boote bevorzugten am Heck einen kurzen, wenn auch stämmigen „Kranbalken", englische einen längeren, gebogenen.

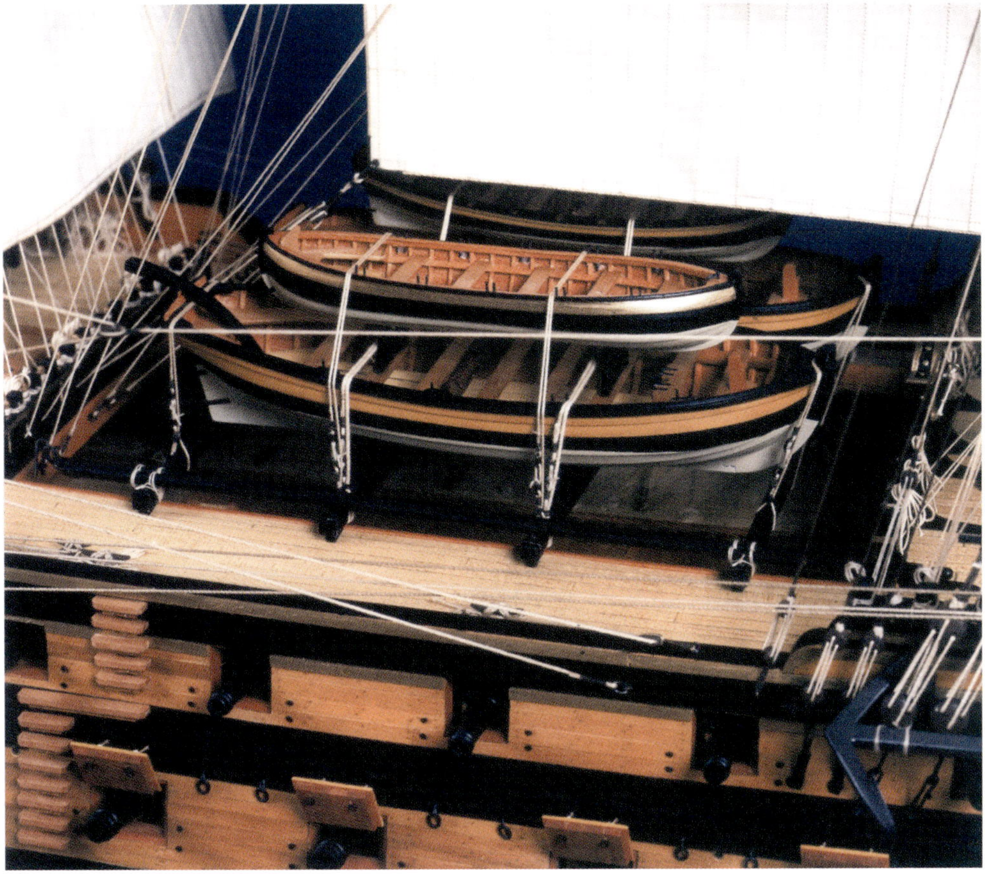

Die Beiboote des russischen 74-Kanonen-Zweideckers ALEKSANDR NEVSKIJ von 1780. Hinten die große Barkasse, auf ihr gestapelt die kleine Barkasse. Vorne das Langboot mit dem langen Kranbalken am Heck (englische Bauweise, s. auch S. 36), auf ihm gestapelt die Gig, die damals noch etwas breiter war als wenig später. (Das ganze Modell s. auch Bd. 2, S. 33.)
(Bootsmodelle Ludwig Seitz, Augsburg, und Schiffsmodell Wolfram zu Mondfeld, Hohenfurch, im Deutschen Technikmuseum, Berlin)

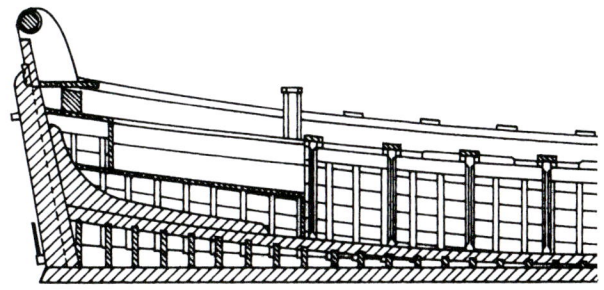

Kurzer Kranbalken auf Booten französischer Bauart (s. auch S. 45).
(Zeichnung Jean Boudriot in LE VAISSEAU DE 74 CANONS, Grenoble 1975)

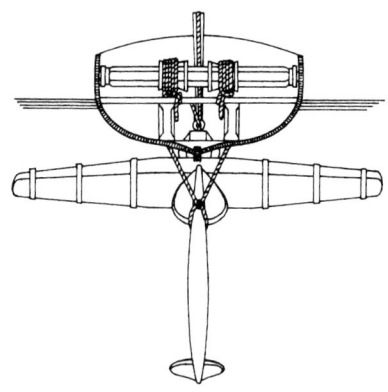

Querschnitt durch ein Lang- bzw. Großboot mit Bratspill beim Setzen eines Ankers, wobei Rollen an Bug und Heck (Kranbalken) verwendet wurden.

Drehbassen-Pflock

Große Beiboote (gewöhnlich das Großboot) verfügten oftmals auch über Drehbassen, um Eingeborene oder auch sonstige Feinde in Schach zu halten. Diese Kleinkanonen wurden mit Hackblei oder Schrott gefüttert, um so einen größtmöglichen Schaden unter den Feinden anzurichten. Um diese Drehbassen sicher zu befestigen, wurden im Bug und manchmal auch im Heck von Booten achteckige Pfosten angebracht.

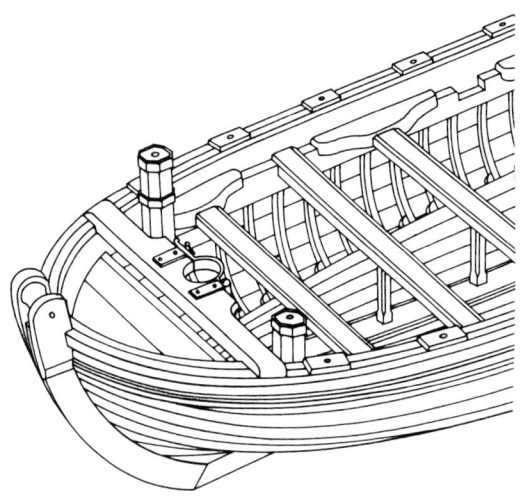

Vorderteil eines französischen Langbootes mit Ankertaurolle am Vorsteven und Pflöcken für Drehbassen. (Zeichnung Jean Boudriot in LE VAISSEAU DE 74 CANONS, Grenoble 1975)

Bordkatzen, Hühner und Ziegen

Auf Schiffen bis weit ins 19. Jahrhundert hinein hatten Tiere ihren festen, mitunter sogar höchst integralen und respektierten Platz.

Katzen

Bordkater und Bordkatze waren keine Kuscheltiere für den Kapitän, sondern ausgesprochen wilde Gesellen und grimmige Amazonen vom Stamm der „Europäisch Kurzhaar" – gemeinhin als „gewöhnliche Hauskatze" bekannt –, die permanent im Kampf mit Aberhunderten von Ratten und Mäusen lagen, welche auf den Schiffen in unzugänglichen Winkeln hausten, um ungeniert über Vorräte, ja sogar schlafende Menschen herzufallen. Slagskämpe (Raufbold), der Bordkater der schwedischen Freibeuterfregatte NEPTUNUS, soll es auf einer dreimonatigen Fahrt auf über 60 erlegte Ratten gebracht haben, und Diamond, der auf dem Flaggschiff des Meisterpiraten Bartholomew Roberts fuhr, in etwa dem gleichen Zeitraum auf rund 100.

Ihr Anteil an der Verpflegung war unter allen Umständen gesichert: Die notwendige Ration Süßwasser und, wenn irgend möglich, ein Schälchen Milch. „Ich habe heute einen türkischen Rudersklaven über Bord werfen lassen, weil er bösartig nach Vulcanus trat, als dieser seinen mehrmals täglichen Kontrollgang von Bug nach Heck machte", vermerkte der deutsch-genuesische Galeeren-Kapitän und spätere Admiral Joseph Furttenbach in seinen privaten Aufzeichnungen. „Da wir nahe der Küste ankerten, mag der Mann sein Leben gerettet haben. Doch wenn ich solche Gemeinheiten gegen unseren Kater durchgehen ließe, dann wären bald alle Nahrungsmittel verloren."

In nicht wenigen Heuerverträgen, die jeder Mann vor Antritt der Reise zu unterschreiben hatte, stand, dass jeder Mann, der die Bordkatze mutwillig quälte oder gar tötete, mit 10 bis 30 Hieben mit der „Neunschwänzigen Katze" zu bestrafen sei.

Auch beim „Super-GAU" eines Schiffes – seinem Untergang – fand die Katze in aller Regel ein gerne bewilligtes Plätzchen in den rettenden Booten.

Seine „katzlige Durchlaut", Herr IGNIS (lateinisch „Feuer") vom Stamm der „Europäisch Kurzhaar".
Wohl weit über 2000 Jahre jagten Katzen Mäuse und vor allem Ratten erfolgreich auf Schiffen. Sie waren oft vielfach sehr viel anerkanntere und geschätztere „Besatzungsmitglieder" als zweibeinige, leicht ersetzbare Matrosen.
(Foto Wolfram zu Mondfeld, Hohenfurch)

Hühner

Hühner wurden auf vielen Schiffen in fest installierten Käfigen, meist auf dem Achter- oder Großdeck, gehalten. Sie dienten Offizieren (und hochrangigen Passagieren) als Frischfleisch-Zukost. Aus ihren Köpfen und den noch mit Fleisch behafteten Knochen ließ sich in der Mannschaftskombüse die leckere Grundlage für einen Eintopf kochen (s. auch Bd. 4, DIE AUSRÜSTUNG, Kap. Hühnerställe).

Ziegen

Bordziegen hatten ihren Standplatz in den in der Kuhl gestapelten Beibooten.

Sie versorgten nicht nur die „besseren Menschen" (Bordkatze inklusive) mit Frischmilch, sie hatten sogar eine noch viel wichtigere Aufgabe.

Vor etlichen Jahren wünschten die Förderer der RICKMER RICKMERS, die in Hamburg als Museumsschiff liegt, zu einer besonderen Gelegenheit mit den Beibooten das Schiff zu umkreisen (so hat es mir zumindest einer der Kuratoren schmunzelnd erzählt). Die Kuratoren warnten, doch die Förderer bestanden auf ihrem Plan. Also wurden die Beiboote abgefiert – und versanken prompt in der Elbe. Was war passiert? Die Planken der Boote waren im Lauf der Jahre ausgetrocknet, geschrumpft, und dadurch hatten sich Spalten zwischen den Planken geöffnet. Ein paar Tage später konnten die Boote wieder aufgeholt und ausgeöst werden – und sie schwammen tadellos! Das Wasser hatte die Planken wieder aufquellen lassen und die Spalten geschlossen.

Und hier kommen die Bordziegen ins Spiel: Mit ihrem Urin hielten die Ziegen die Planken der Beiboote stets feucht, so dass diese jederzeit, auch nach längerer Zeit an Deck, einsatzbereit waren.

Die RICKMER RICKMERS, 1896 in Bremerhaven als Vollschiff von Stapel gelaufen, später zur Bark umgetakelt, heute Museumsschiff in Hamburg.
(Foto © wikipedia)

Paddel, Skull und Riemen

Irgendwann in grauer Vorzeit kam ein Urmensch auf die Idee, sein Fahrzeug, mit dem er Flüsse oder kleine Meeresarme überquerte – Baumstamm, Schilfbündel oder dergleichen –, nicht nur mit den Händen anzutreiben, sondern diese „Hände" ein bisschen zu *vergrößern*.

Nur mit den Händen zu paddeln war selbst Urmenschen vielfach einfach zu ineffektiv. (Zeichnung Björn Landström in DAS SCHIFF, *Gütersloh 1961)*

Paddel

Das Paddel ist fraglos die älteste Form solch einer Antriebshilfe. Es gab sie zu allen Zeiten, auch noch bis heute (z. B. manche Klassen von Sportbooten!).

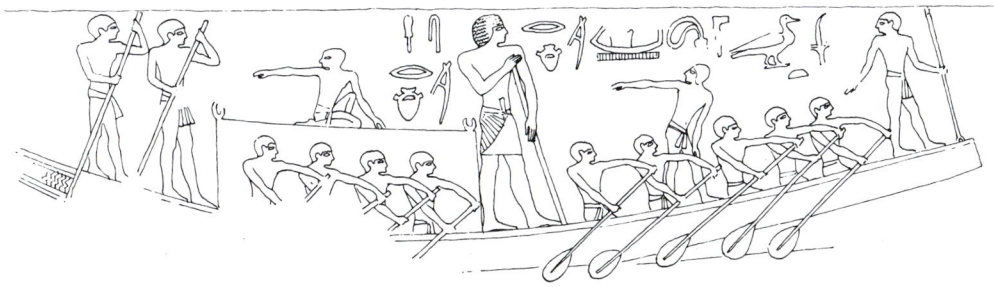

Eines der großen Reiseboote des Herrn Ti (groß in der Mitte), der sich auf einen Geh-stock stützt, den er sich unter die Achsel geklemmt hat (Bandscheibenprobleme?). Ägypten Altes Reich, 5. Dynastie um 2500 v. Chr.
(Zeichnung, auch Folgeseite oben, von Björn Landström in DIE SCHIFFE DER PHARAONEN, *Gütersloh/Wien 1974, nach einem Relief im Grab des Ti bei Saqqara)*

Wenn das Schiff unter Segel fuhr, konnten sich die Paddler ausruhen.
Achtern die Steuerleute, am Bug der Lotse, der mit einer Stange die aktuelle Wasser-
tiefe maß – in einem Strom, dessen Wassertiefen sich stets änderten und der überall
unerwartet Sandbänke aufschütten konnte, höchst vernünftig.

Herr Ti – Großgrundbesitzer und vermutlich Landwirt-
schaftsminister. Nach heutigen Begriffen doppelstel-
liger Milliardär und der reichste Mann seiner Epoche.
Seinen immensen Reichtum verdankte er freilich nicht
Sklavenhaltung (die es damals in Ägypten noch gar
nicht gab!), sondern allein wirtschaftlicher Klugheit.
An den Wänden seines Grabes bei Saqqara, nahe
den großen Pyramiden, hat er uns die schönsten und
deutlichsten Bilder des ganz normalen Lebens im
alten Ägypten hinterlassen.
(Statue im Ägyptischen Museum, Kairo)

Paddler auf einem großen Schiff Kretas um 1530 v. Chr.
(Zeichnung nach einem Gemälde von Akrotiri-Thera – s. auch Bd. 3.2, S. 282)

In der Regel waren und sind es eher kleine Boote, die mit Paddeln angetrieben werden, doch in der Antike mitunter auch durchaus große „Schiffe". So muss etwa das Fahrzeug auf einem Fresko, das auf Akrotiri (Thera) aus der Zeit von 1530 v. Chr. gefunden wurde, rund stolze 43 m gemessen haben (21 Paddler pro Seite, die mindestens 80 cm Bewegungsfreiheit brauchten = 16,8 m + Vor- und Achterschiff ergibt eine Gesamtlänge von rund 43,25 m!). Gewiss, solche Schiffe wurden auf hoher See vor allem gesegelt, aber man hatte eben auch 42 Paddler nicht nur aus „sozialem Spaß" an Bord, die ja schließlich auch ver- köstigt werden mussten …

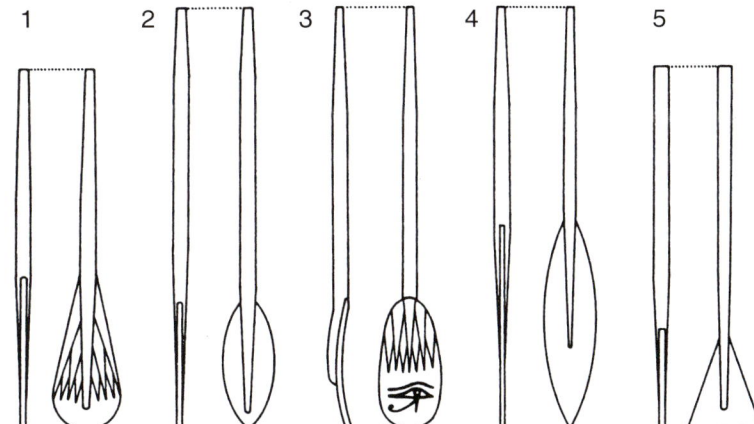

Antike Paddel:
1.–3. ägyptisch,
4. kretisch,
5. phönizisch.

Den Eskimos (korrekt „Inuit") Grönlands und Nordkanadas verdanken wir das „Doppelpaddel", bei dem an beiden Enden einer Stange entsprechende Ruder- blätter angesetzt waren, die ein regelmäßiges „Umstechen" des Paddels über- flüssig machen – auch sie gibt es noch immer im Sportbetrieb.

Ein grönländisch-
nordkanadischer
Inuit in seinem Kajak
mit Doppelpaddel.
(Foto © wikipedia)

Skulls und Riemen

Die Skulls und Riemen richteten sich generell bei Beibooten nach der Größe des jeweiligen Bootes.
Kleine Fischereifahrzeuge kannten da freilich oft ganz andere Gesetze ...

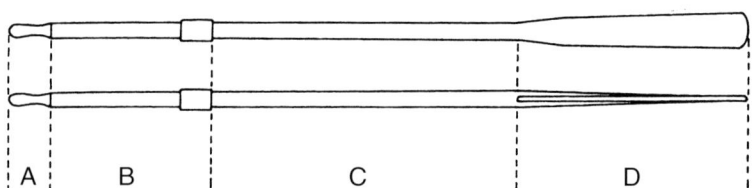

Skull oder Riemen: A. Nock, B. Griff bzw. Binnenstück, C. Schaft, D. Blatt.

Skull

Der Griff der Skulls ist etwa halb so lang wie die Breite des Bootes, wodurch sie paarweise eingesetzt werden können. Der Ruderer sitzt auf der Ducht, Gesicht heckwärts, und verwendet bei der Führung des Skulls eine Dolle oder Riemengabel als Drehpunkt. Ein Paar Skulls kann entweder gemeinsam von einem Mann, der in der Mitte der Ducht sitzt, oder von zwei Männern, die nebeneinander sitzen, bedient werden, wobei dann der linke das Backbord-, der rechte das Steuerbordskull bedient.

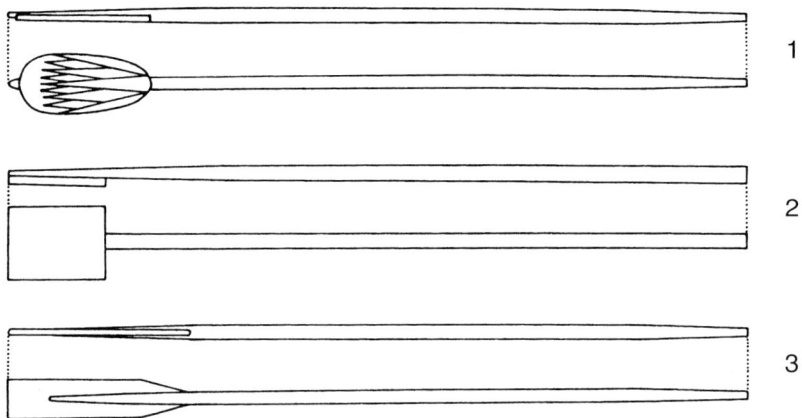

Skulls der Antike: 1. ägypisch, 2. phönizisch, 3. griechisch und römisch.

Beiboote außer Gig, Dingi und gelegentlich Jolle wurden stets mit Skulls gefahren.

In der Antike wurden grundsätzlich, auch auf größten Schiffen, nur Skulls eingesetzt. Typischstes Beispiel: die „Attische Triere", mit der 480 v. Chr. die riesige Flotte der Perser unter Großkönig Xerxes bei Salamis geschlagen und vernichtet wurde.

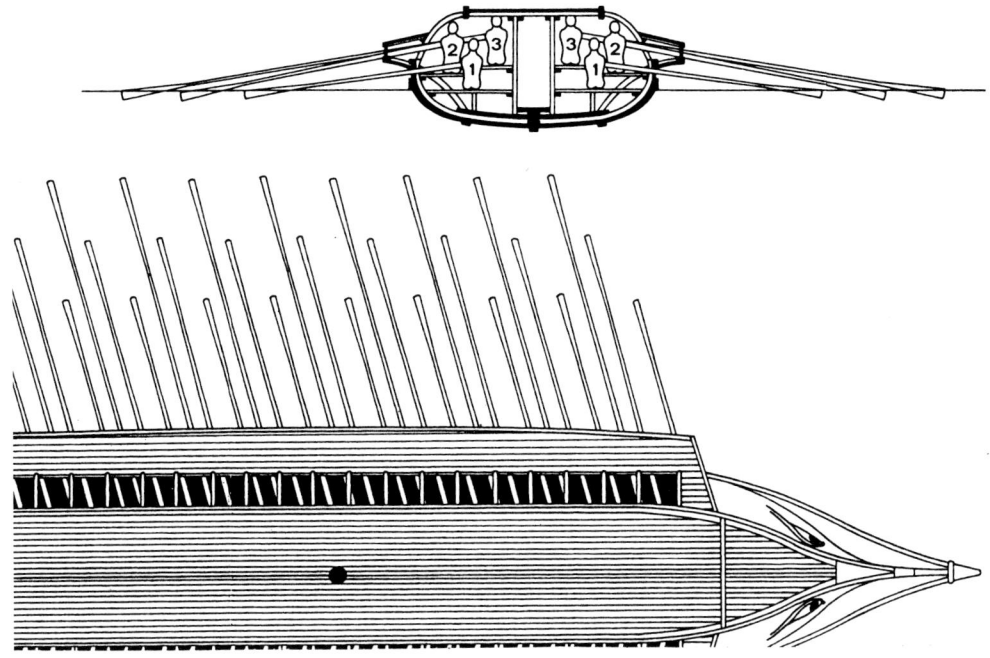

Skulls einer attischen Triere (s. auch ALLERLEI EXOTEN, *Kap. Antike Schiffe): Ursprünglich waren die Thalamiten (1) die Ruderer; dann setzte man ein wenig höher und vor sie die Zygiten (2), und schließlich noch ein wenig höher, davor und möglichst mittschiffs, da sie ja die längsten Skulls zu bedienen hatten (Hebelkraft), die Thraniten (3).*

Im antiken Rom gab es nicht nur Triremen (Dreiruderer), sondern auch Quadriremen (Fünfruderer) und sogar riesige Decemremen (Zehnruderer). Das heißt natürlich nicht, dass da bis zu zehn Rojer übereinander saßen! Die Zahl der Skulls blieb bei drei, nur dass da jeweils entsprechend mehr Männer an den Skulls

Extrem große Skulls von Galeeren wurden von vorne gezogen, von hinten gedrückt. (Zeichnung in SOUVENIRS DE LA MARINE, *1882–1892 von Vizeadmiral Edmond Pâris.)*

zerrten bzw. schoben. (Zu diesem Thema s. auch Bd. 1 MODELLE UND VORKENNTNISSE, S. 93 sowie Bd. 11, ALLERLEI EXOTEN, Kap. Antike Schiffe und Galeeren.) Das Prinzip blieb bis ins 16. Jahrhundert gleich, auch wenn man Skulls und Rojer ein wenig anders anordnete.

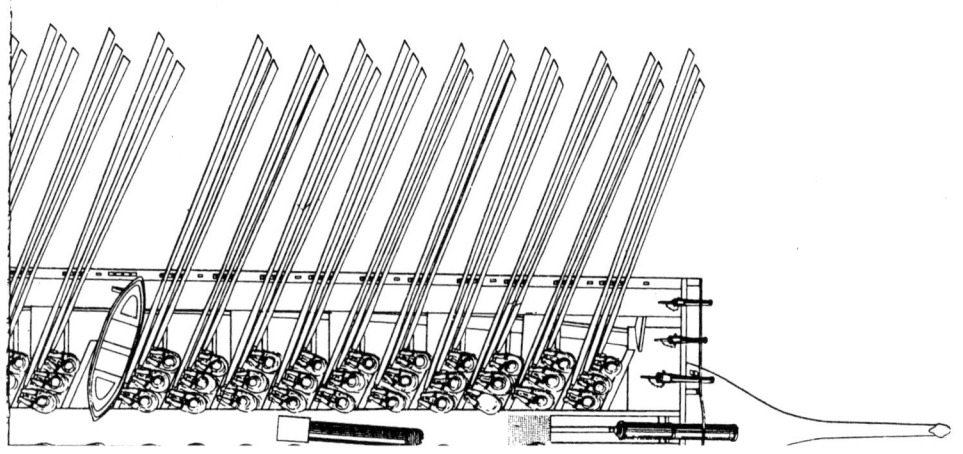

Venezianische Trireme von 1539.
(Zeichnung in SOUVENIRS DE MARINE CONSERVÉS von Edmond Pâris, Paris 1882–1892)

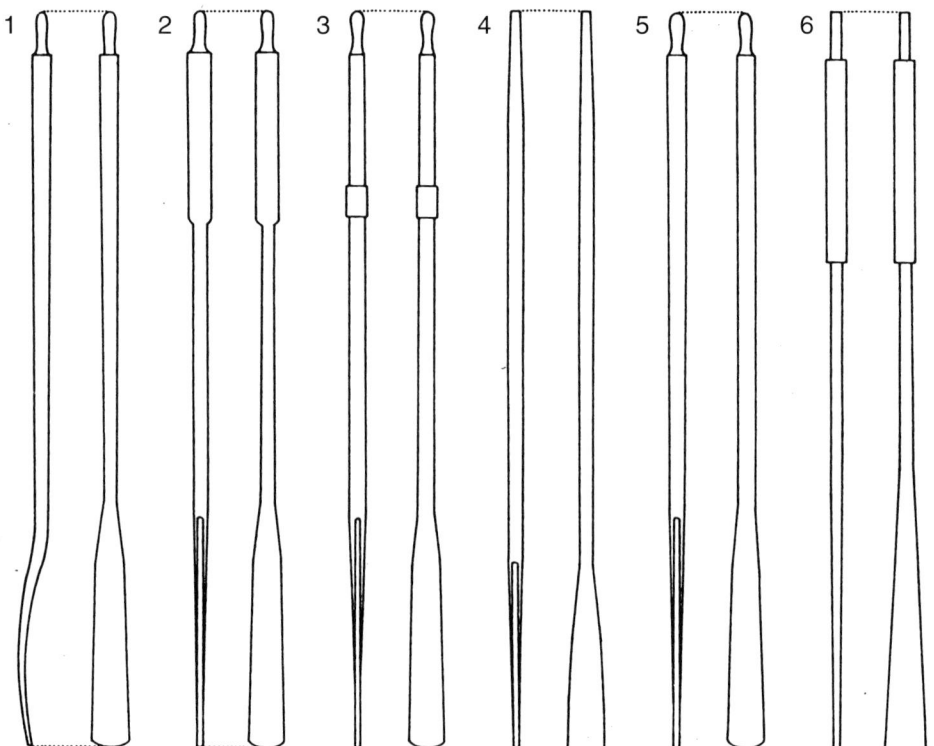

Skulls für 1. Binnenseeboote, 2.–4. Handelsschiffsboote, 5. u. 6. Kriegsschiffsboote.

Riemen

Der Griff des Riemens ist etwa gleich lang wie die Breite des Bootes bzw. die Größe eines Mannes über Deck.

Riemen sehen in der Regel aus wie Skulls, nur dass sich ihre Binnen- und Außenlänge deutlich von diesen unterscheiden.

Für die Verwendung von Riemen gibt es zwei Methoden:
1. Die Ruderer sitzen hintereinander, und jeder bedient einen der Riemen, die abwechselnd steuerbord und backbord über Dollen oder Riemengabeln geführt sind. Diese Methode war z. B. auf einer Gig oder auch einem Walfangboot (s. auch Kap. Walfangboote) üblich – moderne Sportboote benützen ebenfalls diese Technik.
2. Der Ruderer steht im Boot, das Gesicht bugwärts, und führt die Riemen paarweise über Dollen oder Riemengabeln als Drehpunkte, wobei er mit der rechten Hand den Backbordriemen, mit der linken den Steuerbordriemen, also *überkreuz*, bedient. Das war im Mittelmeer, aber vor allem auch in Fernost, eine durchaus beliebte Technik.

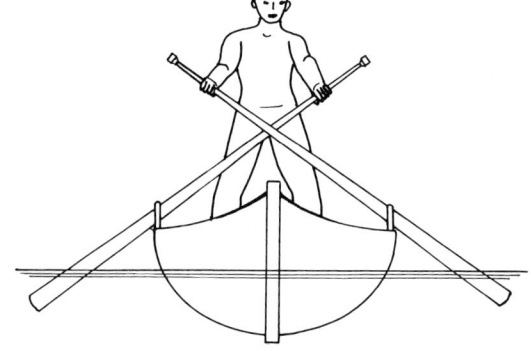

Rechts: Gekreuzt gefahrene Riemen.
Die Technik, bei der ein oder zwei Männer aufrecht im Boot standen, war nur auf Binnengewässern oder in sehr ruhigen Unterläufen/Deltas von Flüssen sinnvoll und möglich. Diese Art des Ruderns wurde vielfach ebenfalls als „wricken" bezeichnet.

Unten: Entsprechender Riemen.

Wrickriemen

Die Wrickriemen befinden sich in Hecknähe und werden mit hin- und hergehenden Schlägen bewegt, wobei der Ruderer gleichzeitig das Boot voran-

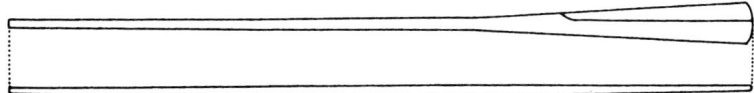

Asymmetrischer echter Wrickriemen etwa einer venezianischen Gondel.

treibt und steuert. Wrickriemen hatten in der Regel ein asymmetrisches Blatt. Der Ruderer steht dabei mit dem Gesicht bugwärts. Die Riemen venezianischer Gondeln sind typische Wrickriemen (Anm.: Auch die Bezeichnung Wriggriemen ist seemännisch korrekt).

Staken

In sehr flachen Gewässern war es oft zweckmäßiger, ein Boot nicht zu rudern, sondern mit einer langen Stange vom Grund abzustoßen. Fischereiboote, die in seichten Küstengewässern oder Binnenseen operierten, hatten vielfach neben den Skulls bzw. Riemen auch eine Stakstange an Bord.

Stakstange.
Die Spitze, mit der sie in den Grund gesetzt wurde, war häufig mit Eisen beschlagen.

Längen bzw. Proportionen

In den Jahrhunderten, in denen Beiboote gefahren wurden, kristallisierten sich optimale Längen bzw. Proportionen zu dem jeweiligen Boot heraus, die es den Ruderern erlaubten, bei kleinstmöglichem Kraftaufwand einen größtmöglichen Vortrieb zu erreichen. An diesen Größen änderte sich seit dem späten 16. Jahrhundert faktisch nichts mehr, egal ob im Mittelmeer oder im Norden Europas.

Bei Booten mit zwei Ruderern pro Ducht galten folgende Skulllängen außenbords:
Großboot	– Breite des Bootes × 1,25
1. Barkasse	– Breite des Bootes × 1,30
2. Barkasse	– Breite des Bootes × 1,40
Jolle	– Breite des Bootes × 1,45

Bei Booten mit einem Ruderer pro Ducht galten folgende Skulllängen außenbords:
Jolle	– Breite des Bootes × 1,40
Dingi	– Breite des Bootes × 1,60

Bei Booten mit einem Ruderer pro Ducht galten folgende Riemenlängen außenbords:
Jolle	– Breite des Bootes × 1,80
Dingi	– Breite des Bootes × 2,20
Gig	– Breite des Bootes × 2,50

Material

Skulls und Riemen wurden aus geradwüchsiger Esche (optimal) oder Pappel hergestellt. Im kaiserlichen Preußen und der österreichischen K.u.K-Monarchie war auch Rotbuche sehr beliebt.

Ausrüstung von Beibooten

Ich will jetzt gar nicht davon reden, dass da auf den Duchten des Langboots von Baukastenmodellen gerade einmal *zwei* Skulls herumliegen.

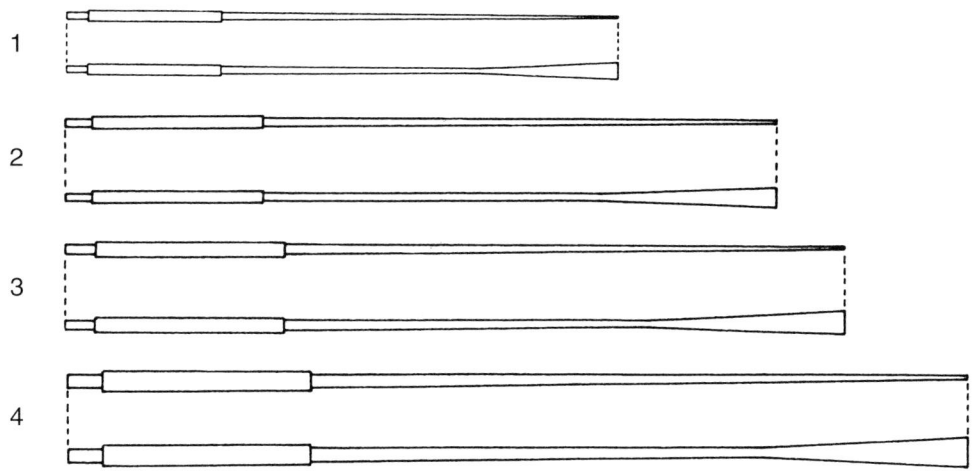

Skulls: 1. Jolle, 2. kleine Barkasse, 3. große Barkasse, 4. Großboot.
NB.: Die Begriffe Barkasse, Pinasse und Kutter waren regional und austauschbar.

Bei der Ausrüstung ihrer Beiboote meinen es aber vor allem und gerade auch Spitzenmodellbauer manchmal ein wenig *allzu* gut!

Entweder – oder!

Es gibt die verschiedensten Varianten, ein Modell darzustellen.
Dazu habe ich in Bd. 1, Modelle und Vorkenntnisse, S. 98 ff. schon das Wesentliche geschrieben. Und was für das gesamte Modell gilt, das gilt natürlich auch für seine Beiboote!
Kurz speziell rekapituliert:
Auf Stapel – da gab es natürlich noch überhaupt keine Beiboote.
Im Hafen – da waren Beiboote ausgesetzt bzw. bereit zum Aussetzen. Selbstverständlich waren sie in diesem Augenblick in jeder Form voll ausgerüstet. Das Gleiche gilt für Boote, wenn sich ein Schiff einer Küste näherte.
Im Gefecht – da standen Beiboote in der Regel nicht mehr an Deck, wurden, im Zweifelsfall voll ausgerüstet, nachgeschleppt.
Auf langer Fahrt – da wurde das, ja durchaus wetterempfindliche, Kleinzeug schleunigst unter Deck gestaut.
Als Modellbauer muss man sich da entscheiden, in welcher Situation man sein Modell darstellen möchte. Also *„entweder – oder"!* Ein Zwischending ist, so leid es mir tut, ein *Unding!*

Ruder

Das mit weitem Abstand wichtigste Teil eines Bootes ist natürlich sein Ruder. **Achtung:** Ja nicht mit Riemen oder Skulls verwechseln, wie ich schon früher sagte!

Das „Ruder" ist jenes Teil, mit dem man *steuert* (s. auch Bd. 4, Die Ausrüstung, Kap. Ruder). Skulls oder Riemen sind jene Teile, mit denen ein Boot angetrieben wird (s. Vorkapitel), auch wenn Landratten diese Begriffe gewohnheitsmäßig durcheinanderbringen …

Das Ruder war am Achtersteven bei Beibooten in der Regel mit zwei Fingerlingen eingehängt. Gesteuert wurde entweder mit der Pinne, im 19. Jahrhundert auch mit einer Querpinne oder Joch, das dann mit Hilfe von kurzen Tauzügen bedient wurde. In aller Regel war auf Fahrt das Ruder (im Gegensatz zu den meisten Modellbaukästen!) nicht eingehängt – es konnte beim Fieren allzu leicht beschädigt werden –, sondern lag zusammen mit den Riemen im Inneren des Bootes!

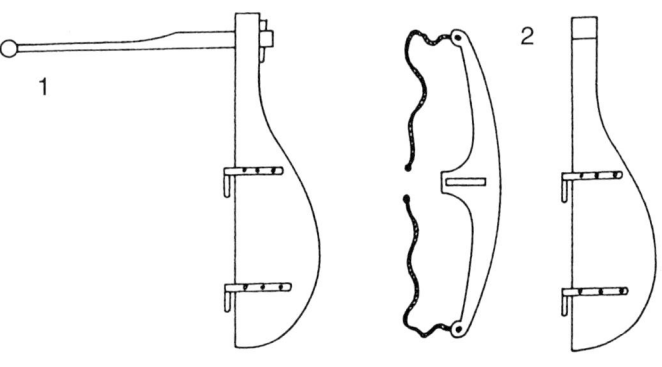

Bootsruder:
1. mit Pinne,
2. mit aufgestecktem Joch.

Bootshaken

Um sich etwa am Fallreep eines Schiffes festzuhängen, verwendete man den Bootshaken. Der Stiel aus Eschenholz war in der Kaiserlich-Preußischen Marine auf 3,4 bis 4,0 cm Durchmesser genormt und 300 cm lang. Die Haken waren aus Schmiedeeisen, für Gigs verwendete man auch gerne Bronze (das blinkte dann so schön gülden!).

Generell hat sich seit der Antike an Bootshaken real kaum etwas verändert (auch wenn die in Vorschriften verliebten Deutschen alles in ein, von Beamten strengst kontrolliertes, Maß zu bringen versuchten). Übrigens: Der Bootshaken

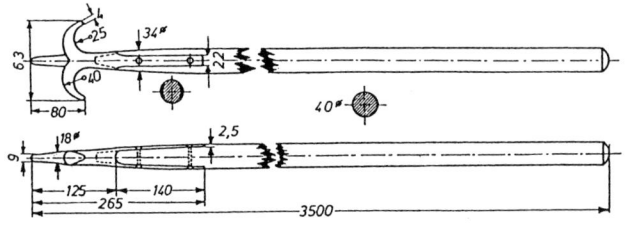

Kaiserlich-Preußischer Bootshaken 1860 – 1918.
(Zeichnung von Peter Rückert, Augsburg)

wird von den schon erwähnten Landratten fälschlicherweise immer wieder gern als „Enterhaken" bezeichnet …

Bootshaken. Auf Kleinschiffen wurde die einarmige Form vielfach gerne auch als Stakstange (s. S. 62) benutzt.

Meist unsichtbarer Kleinkram

So fanden sich im Bugfach eines Großbootes oder einer Barkasse eine kleine Pütz (Eimer), ein Ösfass (Wasserschaufel), eine Laterne, ein Kompass und eine Kanne mit Öl bzw. Petroleum, um den Brennvorrat für das Kompasslicht und die Laterne nachfüllen zu können. Ende des 19. Jahrhunderts steckten dort bei der kaiserlichen Marine sogar Notvorräte und ein Verbandskasten. Kleinfahrzeuge wie Fischereiboote waren vielfach ähnlich ausgerüstet.

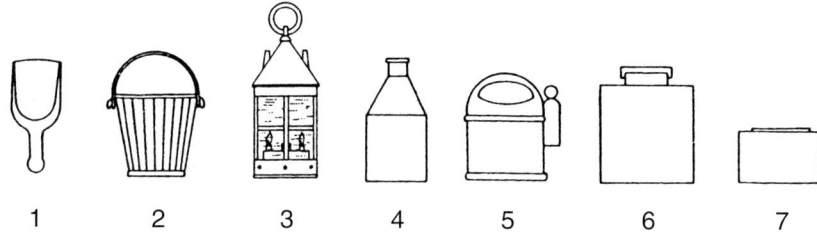

1. Ösfass (Wasserschaufel), 2. Pütz, 3. Laterne (oft mit mehr als einem Docht), 4. Ölkanne (zum Nachfüllen von Lampe und Kompasslicht, bis ins frühe 20. Jahrhundert kein Erdöl, sondern Waltran), 5. Kompass , 6. Notvorrat, 7. Verbandskasten.

Süßwasserfässchen

Ein Süßwasserfässchen wurde gerne unter der Heckbank (und damit durchaus sichtbar) gelagert.

Wasserfässchen (oft nicht nur mit Wasser gefüllt): 1. Großboot, 2. Barkassen, 3. Gig.

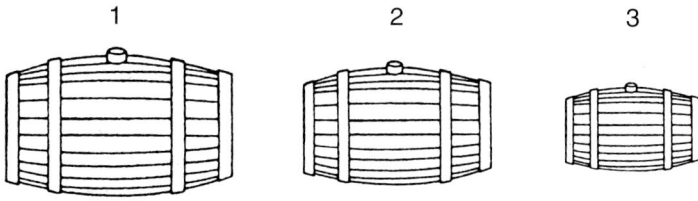

Der Begriff „Wasser" ist hier freilich ein wenig relativ. In den Niederlanden, Deutschland und Skandinavien befand sich in den Fässchen in der Regel Bier, in Frankreich, Spanien und Italien meist Wein. Das entsprechende Fässlein in der Kapitänsgig war naturgemäß recht klein, dafür mit Hochprozentigem gefüllt: etwa Portwein in Frankreich und Spanien, Whisky in Großbritannien, Rum oder Brantwein in den Niederlanden, Deutschland und Skandinavien, Wodka in Russland – die hohen Herrschaften, die im Heck einer Gig überhaupt Platz nehmen durften, sollten schließlich nicht dürsten!

Ausrüstung geschleppter Boote

Grundsätzlich war sie identisch mit der aller anderen Boote. Allerdings, so lange das Boot nachgeschleppt wurde, war keine Ausrüstung an Bord – das doch immer wieder hineinschwappende Wasser hätte diese nur beschädigt oder verdorben. Ausgerüstet wurden diese Boote also erst, wenn sie auch tatsächlich zum Einsatz kamen. Verbandskästen kannte man bis Mitte des 19. Jahrhunderts natürlich überhaupt noch nicht, und dass der Meuterer Fletcher Christian Kapitän William Bligh, als man diesen mit seinen Getreuen im Großboot der BOUNTY aussetzte, nicht nur 150 Pfund Zwieback, 20 Pfund Pökelfleisch, 120 Liter Wasser und fünf Liter Rum, sondern sogar einen Kompass und einen Sextanten überließ, galt als eine höchst großzügige Geste eines Gentlemans.

Persenning

Auf die Idee, Beiboote mit einer Persenning nach oben gegen Regen und Spritzwasser abzudecken, kam man erst um die Wende des 19. zum 20. Jahrhundert. Weshalb nicht schon viel früher?
Aus einem einfachen Grund: Bei Holzbooten war ein gewisses Maß an Feuchtigkeit (und sei es Ziegenpisse, s. S. 53 f.) nicht nur erwünscht, sie war notwendig, damit die Holzplanken nicht schrumpften. Erst als man Boote aus Metall – und heute sogar meist Kunststoff – baute, war solch eine „Berieselung" nicht mehr erforderlich.

Modellbau

Es ist jedem Modellbauer überlassen, wie, in welcher Form und zu welchem „Zeitpunkt" er sein Modell bauen möchte.
Aber: Wenn in einem Boot Skulls/Riemen liegen, dann auch in *allen*!
Und dann gehören dort auch im Zweifelsfalle die Bootsmasten nebst Spieren hinein (s. Folgekapitel) nebst säuberlich zusammengerollten Segeln (mit Faden umwickelte Tempotaschentücher s. Bd. 8, TAUE, BLÖCKE UND SEGEL, S. 136 ff.), der Bootshaken und zumindest auf größeren Booten das „Süßwasser"-Fässchen!
Und natürlich *alles* schön sauber festgezurrt!
Das ist fraglos eine ganze Menge Zeug für ein doch relativ kleines Modelldetail – aber als Leser dieser ENZYKLOPÄDIE *wollten* Sie es ja nicht bequemer!

Takelung von Beibooten

Außer auf den kleinsten Booten – Jolle und Dingi – und der auf extreme Ruder-schnelligkeit gebauten Kapitäns-Gig verfügten sämtliche Beiboote über eine mehr oder minder umfangreiche Segeleinrichtung, welche gegebenenfalls mit wenigen Handgriffen im Boot aufgerichtet werden konnte.
Bis in die erste Hälfte des 18. Jahrhundert waren die Boote mit nur einem Mast ausgerüstet. Danach gab es auch zwei-, ja sogar dreimastige Beiboots-takelagen.
Die üblichsten Formen waren:

Lateinertakelage
Üblich im gesamten Mittelmeerraum. Mit Takeln wurde ein Wantenpaar sowie Fall, Rack (meist nur eine einfache Tauschlaufe), Schot und Halstaje/Hals gefahren. Stage gab es nicht. Schot und Hals waren vielfach auch einfach und ohne Takel angesetzt (s. auch Bd. 11, ALLERLEI EXOTEN).
Mit kleinen Varianten galt/gilt dies auch für den gesamten arabischen Raum, d. h. östliches Mittelmeer, Rotes Meer und Indischer Ozean.

Das Lateinersegel war auf Beibooten, vor allem im Mittel-meer und in der arabischen Welt (mit kleinsten Varia-tionen) verbreitet, hatte aber auch in Nordeuropa durchaus seine Anhänger.
Hier die westarabische Ver-sion einer Maschwa.
(Modell im Science Museum, London South-Kensington)

Die drei weiteren Bootstakelagen waren noch im gesamten 19. bis ins 20. Jahr-hundert im euro-amerikanischen Raum allgemein in Benutzung:

Sprietsegel (Spreizgaffelsegel)
Diese Takelung (mit oder ohne Vorsegel) war seit dem 16. Jahrhundert in Nord-europa weit verbreitet und wurde noch bis Ende des 19. Jahrhunderts auf ame-rikanischen Walfangbooten vorzugsweise eingesetzt.

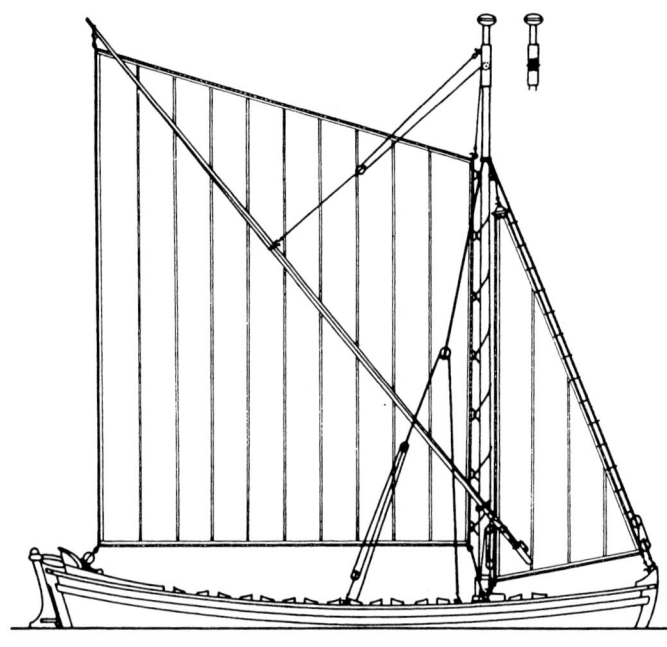

*Beiboot mit Spriet-/
Spreizgaffelsegel.
Seit dem 16. Jahr-
hundert weit verbreitet,
im 17. Jahrhundert
vielfach üblich und im
19. Jahrhundert noch
immer weit verbreitet.*

Gaffelsegel

Ganz allgemein begann seit dem späten 17. Jahrhundert das Gaffelsegel das
Sprietsegel zu verdrängen, so dass auch die Beiboote entsprechend umge-
rüstet wurden.

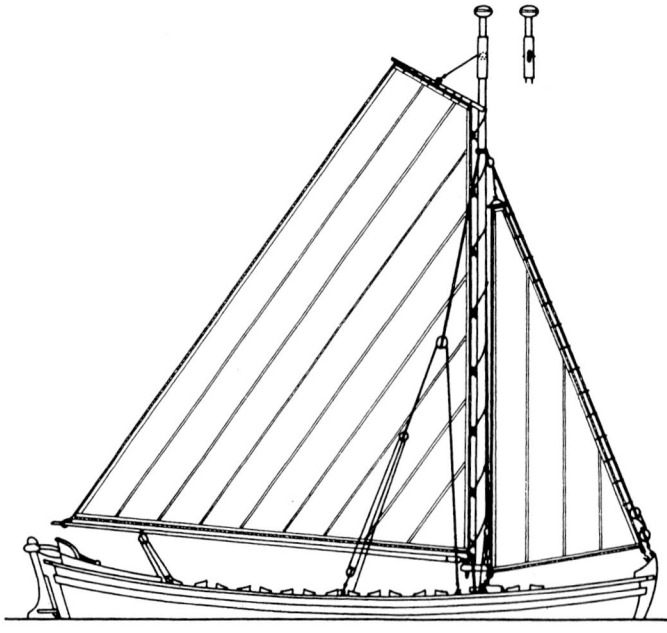

*Beiboot mit Gaffelsegel.
Seit dem 17. Jahr-
hundert verdrängte es
zwar vielfach das
Sprietsegel, welches
deshalb noch keines-
wegs ausstarb.*

68

Luggersegel

Vor allem in Frankreich, aber auch in anderen Ländern wurde ab Ende des 17. Jahrhunderts die Luggertakelage höchst beliebt (s. auch Bd. 8, TAUE, BLÖCKE UND SEGEL, S. 65).

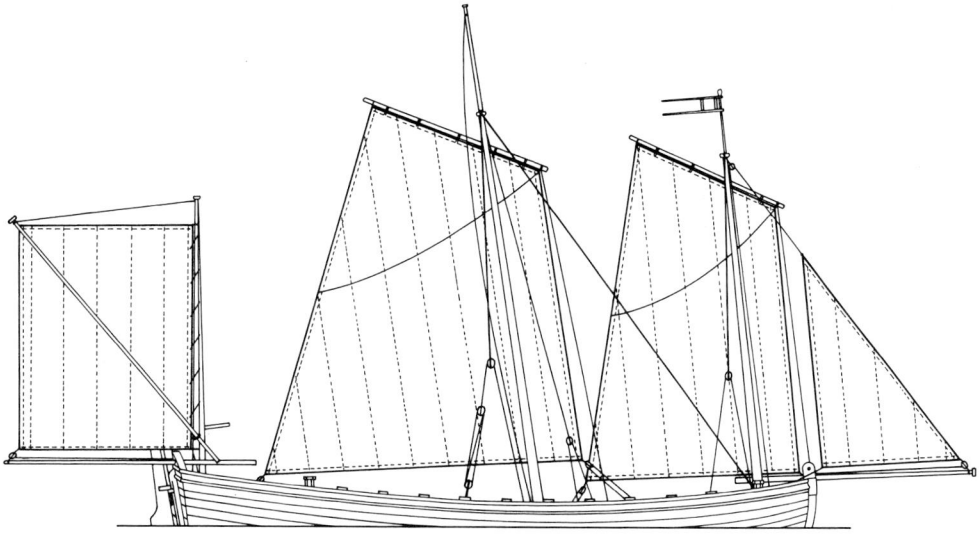

Beiboot mit drei Masten, französisch, um 1760: Ein Vorsegel am Bugspriet angesetzt; Fock- und Großmast mit Luggertakelage, der Besan trägt ein Sprietsegel; s. auch S. 45, 51 und 52.
(Zeichnung Jean Boudriot in LE VAISSEAU DE 74 CANONS, Grenoble 1975)

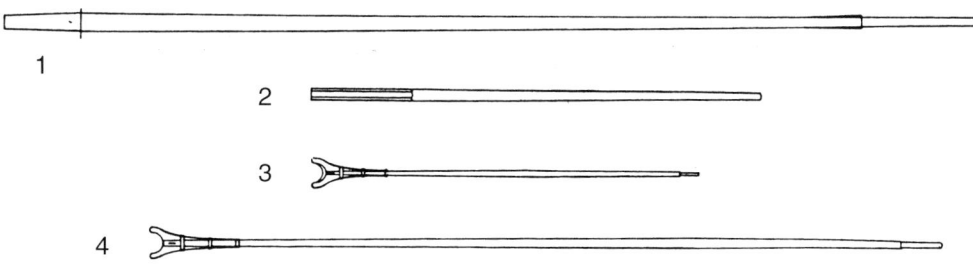

Rundhölzer eines US 28ft Longboats von 1799: 1. Mast, 2. Bugspriet, 3. Gaffel, 4. Gaffelbaum; s. auch S. 36.
(Zeichnung von Portia Takakjian in THE 32-GUN FRIGATE ESSEX, London)

Mastfuß

Bis ins späte 16. Jahrhundert steckte man den Mastfuß einfach durch ein Loch in einer der vorderen Duchten und verankerte ihn in einem Schuh auf dem Kiel. Seit dem frühen 17. Jahrhundert, als die Masten höher wurden, reichte dies nicht mehr. Man baute eine Ducht (meist die zweite von vorne) zunächst einmal breiter und stabiler, setzte mittig vielfach noch einen Holzklotz auf, an dem die Eisenbeschläge des Mastfußes angreifen konnten. Seit dem 18. Jahrhundert war dies Standard.

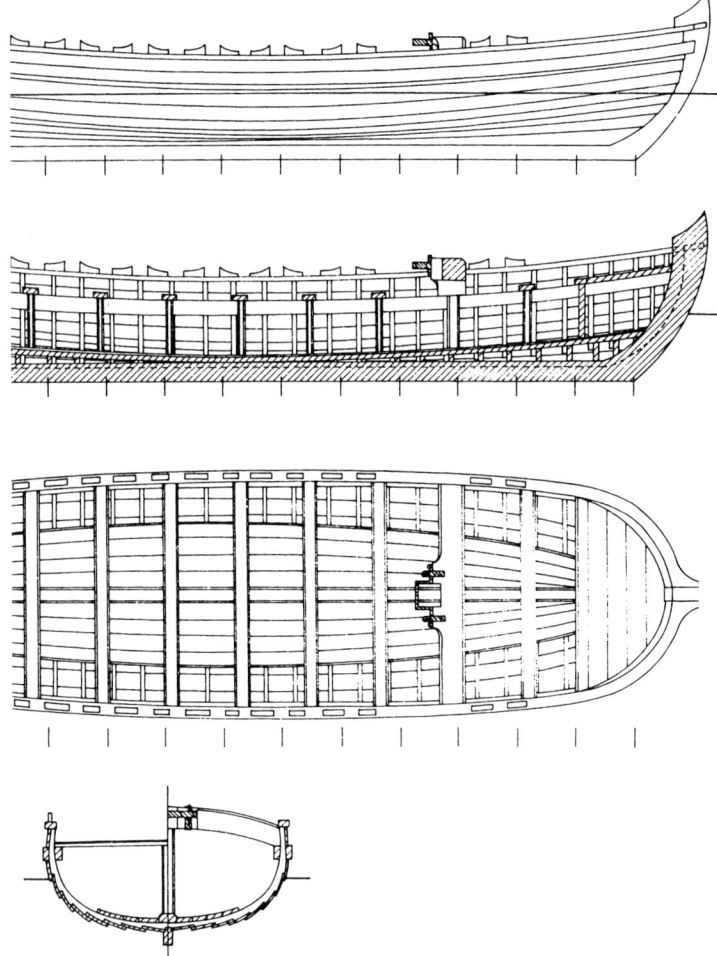

*Der eigentliche Mastfuß steckte im Kiel/Kielschwein. Etwas weiter oben wurde der Mast von einem Eisenbeschlag an einer entsprechend verstärkten Ruderbank gehalten und gesichert. (Zeichnung des Autors eines Beibootes der W*ASA*, s. auch S. 47, 68)*

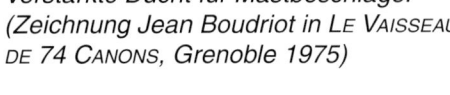

*Verstärkte Ducht für Mastbeschläge. (Zeichnung Jean Boudriot in L*E V*AISSEAU* DE *74* C*ANONS*, Grenoble 1975)*

Beibootsteile verstauen

Es gab keine feste Regel, ob Beibootsteile wie Riemen usw. in den Booten selber auf Fahrt oder unter Deck gestaut wurden. Das war eine ganz persönliche Entscheidung des jeweiligen Kapitäns.
Grundsätzlich mag hierzu gelten: Je öfter, z. B. in Küstennähe, ein Beiboot ausgesetzt werden musste, desto üblicher war es, diese Teile im Boot auch zu stauen, damit man sie schnell zur Hand hatte. Je länger und weiter die Fahrt ging, umso häufiger verstaute man diese Teile unter Deck, damit sie nicht durch Wind und Wetter Schaden litten.

Verzurren

Achtung! Wichtig!!
Wie früher schon gesagt, muss auf Fahrt oder im Gefecht – so sind ja nahezu alle Schiffsmodelle dargestellt – jeder Gegenstand an Bord sauber verzurrt sein! Frei an Deck herumstehende Fässer oder auch lose Riemen in den Beibooten konnten bei rauem Seegang sehr schnell zu tödlichen Geschossen werden!
Also: Riemen, Ruder, Masten und andere Takelteile oder auch Bootshaken, die in den Booten gefahren wurden, müssen unbedingt an den Duchten verzurrt werden! Conditio sine qua non!

Das müsste verbessert werden: Die (zu wenigen!) Riemen sind nicht verzurrt, Gleiches gilt für die Boote selber.
(Modell der SAN FELIPE von 1690 der Firma MANTUA MODEL)

Bootsflaggen

Das Setzen von Flaggen war stets ein schwieriges Thema – s. dazu ausführlicher Bd. 12, FLAGGEN, LEXIKON UND NACHTRÄGE.

Das Setzen einer „falschen" Flagge konnte zu massivem Ärger, bei Staaten sogar zum Krieg führen.

Auch Beiboote, vielfach seit dem 16. und auf jeden Fall seit dem 17. Jahrhundert, *zeigten Flagge:* am Heck die Nationalflagge und am Bug die „Dienstflagge", so sich eine wichtige Persönlichkeit an Bord befand – zwar oft in entsprechend verkleinertem Format, doch unübersehbar! Bis ins 17. Jahrhundert war dies auch oft die Flagge mit dem ganz persönlichen Wappen der entsprechenden Persönlichkeit. Im 17. bis frühen 18. Jahrhundert wurde meist die Nationalflagge einfach zum Bug umgesetzt. Dabei galt vielfach die Regel: Je größer die Flagge, um so bedeutender die Persönlichkeit an Bord.

Im 18. Jahrhundert wurden die Bootsflaggen zwar generell kleiner, das Prinzip Nationalflagge am Heck, Dienstflagge am Bug blieb freilich bestehen.

Die Kapitäne der niederländischen Flotte lassen sich 1666 vor der „Viertageschlacht" zum Flaggschiff ZEVEN PROVINCIEN Michel Adriaezon de Ruyter (1607–1676) rudern. (Stich von Willem van der Velde d. Ä., Rijksmuseum in Amsterdam)

So schwierig dieses Thema schon bei Schiffen ist – wann, wo, von wem und wie –, bei Beibooten ist es oft nahezu unentwirrbar.

Zum Glück für Modellbauer führten nachgeschleppte oder eingesetzte Beiboote wenigstens keine Flaggen.

Was da so alles möglich war, verdeutlichen beispielhaft die Flaggen der Kaiserlich-Preußischen Marine des späten 19. und frühen 20. Jahrhunderts.

Ein venezianischer Admiral in einem Beiboot. Achtern sitzt der Rudergänger. Auf der Heckbank der hohe Herr nebst seinen wichtigsten Offizieren.

Die Kaiser-Gig der SMY Hohenzollern für den ausschließlichen Gebrauch Seiner Majestät mit Reichskriegsflagge am Heck und persönlichem Stander am Bug.

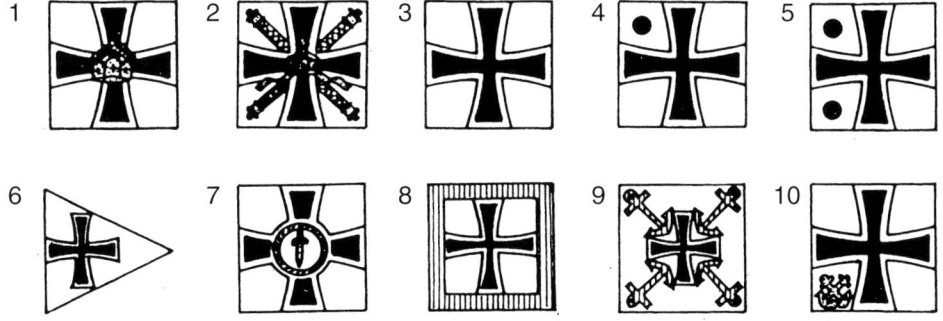

Kaiserlich-Preußische Marine bzw. Deutsches Reich 1871–1918 Kommandoflaggen: 1. Kommandierender Admiral, 2. Großadmiral, 3. Admiral, 4. Vizeadmiral, 5. Konteradmiral, 6. Divisionskommandeur, 7. Chef des Admiralstabs der Marine, 8. Generalinspekteur der Marine, 9. Marineminister, 10. Staatssekretär des Reichsmarineamtes.

Modellbau von Beibooten

Der Bau von Beibooten ist wohl das Kniffeligste und Vertrackteste im ganzen historischen Schiffsmodellbau.

Werden Sie also nicht nervös, wenn der erste, zweite oder auch dritte Versuch nicht so ausfallen sollte, wie Sie sich das vorgestellt haben. Der Bau von Beibooten braucht Zeit, Geduld sowie etwas Erfahrung und Übung.

Den Weg ins Fachgeschäft können Sie sich übrigens sparen. Was sie dort meist an Beibooten bekommen können, das taugt in der Regel nicht für historisch korrekte Modelle.

Auf den Bildern einschlägiger Kataloge sehen Sie zwar optimal gebaute Beiboote (wenn auch in der Regel erheblich zu wenige), doch ob das Optimal-Material für diese dann wirklich in Ihrem Baukasten liegt, daran habe ich meine durchaus berechtigen Zweifel …

„Eigenbau" ist da eindeutig angesagt!

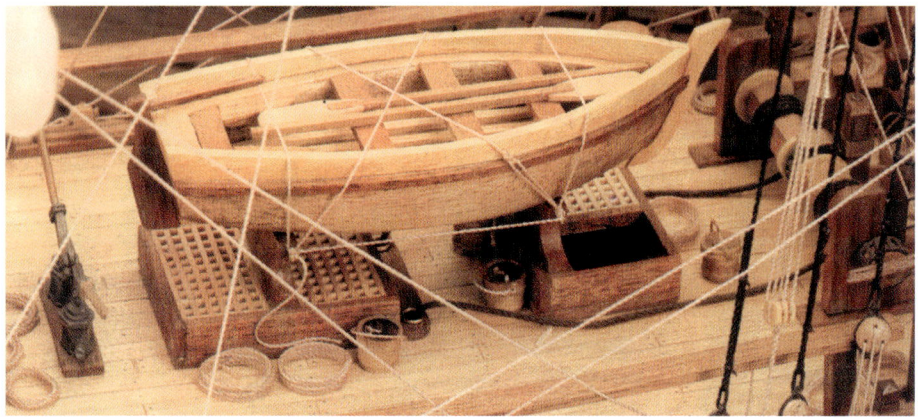

Zwei (unverzurrte!) Skulls sind für sechs Ruderer doch zu wenig, und die Form des Bootes spottet einfach jeder historischen Bauform! Dafür stehen (natürlich ebenfalls unverzurrt) allerlei Kübel an Deck herum, und die Balancierpumpe (ganz links) wurde erst gut ein halbes Jahrhundert später erfunden. Am gravierendsten ist, dass ein Expeditionsschiff wie die BOUNTY garantiert (!) mehr als nur ein einziges Beiboot an Bord hatte!
(Modell der H.M.S. BOUNTY von CONSTRUCTO MODELISMO NAVAL, Barcelona)

Dieser Kutter aus Plastik der von mir sonst höchst geschätzten Firma AERO-NAUT-Modellbau ist leider auch nicht vorbildgerecht.

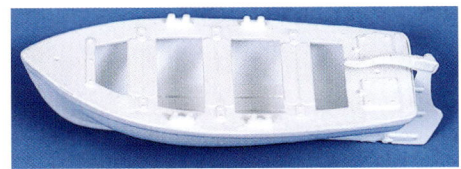

Zwei weitere Beiboote aus Kunststoff der Firma AERO-NAUT-Modellbau, Reutlingen. Leider auch nicht geeignet.

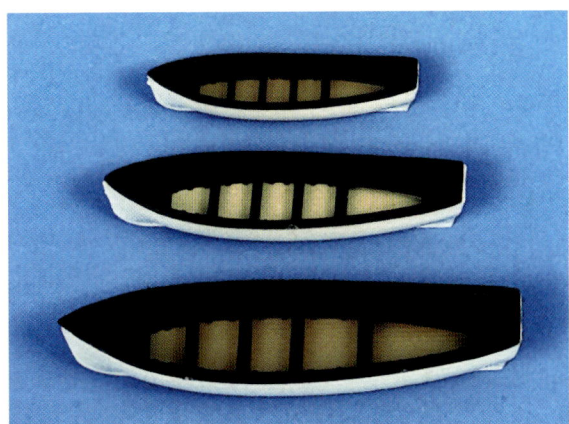

Diese Beiboote – Barkassen 19. Jahrhundert – der Firma AERO-NAUT-Modellbau, Reutlingen, stimmen in der Rumpfform und können, kieloben, durchaus auf den Hüttendächern von Schiffen der zweiten Hälfte des 19. Jahrhunderts eingesetzt werden. Hierzu eignet sich, unter gewissen Umständen, auch der auf der Vorseite gezeigte Kutter von AERO-NAUT-Modellbau.

Pläne

Zunächst einmal muss der Modellbauer wissen, welche Größen seine Beiboote überhaupt haben!

Modellbaukästen generell, aber auch viele Modellbaupläne gehen da ziemlich „locker" (schlampig!) vor.

Von den Abmessungen mag das Großboot ja noch einigermaßen stimmen. Doch bei den Barkassen setzt es bereits vielfach aus, denn da gab es nicht nur einen Typ, sondern oft derer *drei*, die sich in Länge und Breite durchaus unterschieden (s. auch Vorkapitel).

Jollen und Dingis waren meist historisch in ihrem Abmessungen nicht so genau festgelegt, müssen aber größenmäßig vernünftig dazu passen.

Die Gig hatte eine Länge, so dass sie bequem zwischen den Heckdavits aufgehängt werden konnte, allenfalls ein bisschen länger.

Schon hier ist eine saubere, korrekte Recherche ein unabdingbares *„Muss"*!

Kurz gesagt: Vertrauen Sie keinem Plan und schon gar nicht einem Modellbaukasten! In vielen Fällen sind deren Maßstäbe ohnehin zu klein, um überhaupt brauchbare Beiboote zu bauen – allenfalls ab dem Maßstab 1:50 ist derlei überhaupt vernünftig möglich!

Recherchieren Sie also selber! Sie werden fraglos relativ schnell fündig werden, auch wenn das noch mehr Arbeit bedeutet – aber Sie wollen ja ein Optimal-Modell (oder etwa nicht?).

Die Firma MANTUA MODEL in Mailand (zu beziehen über K. Krick, Knittlingen) bietet mittlerweile eine ganze Reihe von Beibooten an, die durchaus ordentlich aussehen. Ob allerdings deren Maße tatsächlich dann auch zu Ihrem Modell passen können, das müssen wirklich nur *Sie* ganz persönlich entscheiden.

Baukästen für Beiboote der Firma MANTUA MODEL in Mailand:
1. Beiboot groß (Lang- oder Großboot) [133 mm], 2. Beiboot mittelgroß (große Barkasse) [120 mm], 3. Beiboot mittel (kleine Barkasse – da fehlt eine Ducht) [108 mm], 4. Beiboot klein (Jolle) [83 mm], 5. Beiboot klein (Dingi) [72 mm], 6. Beiboot Schaluppe (Gig – ältere, breitere Form) [155 mm bzw. 105 mm], 7. Beiboot Motor (große Barkasse – bis ca. 1900 stand mittig eine kleine Dampfmaschine) [122 mm bzw. 96 mm], 8. Beiboot Motor (kleine Barkasse – bis ca.1900 stand mittig eine kleine Dampfmaschine) [104 mm bzw. 87 mm], 9. Walfangboot (auch als Gig verwendbar) [125 mm bzw. 100 mm].
Zunächst Fimenbezeichnung, (historisch korrektere Beizeichnung und – sachliche Anmerkungen), [angebotene Längen].

Bootsbau

Wenn Sie sich dann doch lieber dafür entscheiden, ihre Beiboote selber exakt, maßstabsgetreu und historisch korrekt herzustellen, dann gibt es dafür immerhin ein paar sehr gute Methoden.
Natürlich waren bis Ende des 19. Jahrhunderts Beiboote grundsätzlich aus Holz gebaut. Die Frage für den Modellbauer ist, ob man in diese Boote auch hinein-

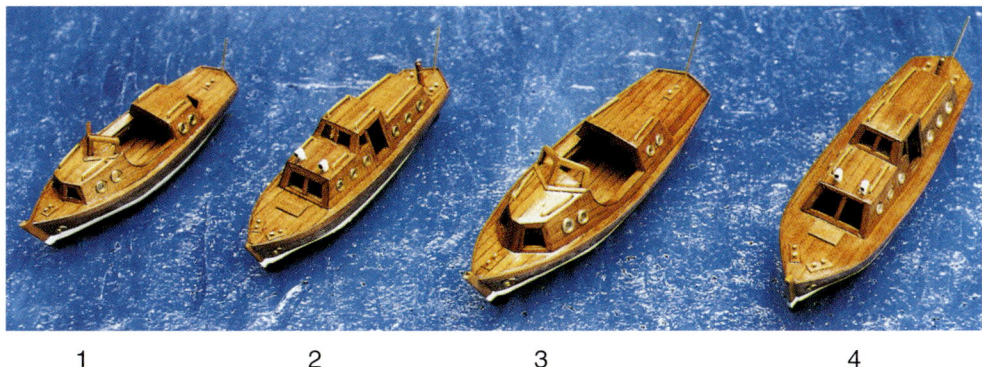

| 1 | 2 | 3 | 4 |

Und weil wir schon einmal beim Thema sind, hier noch vier Beiboote des 20./21. Jahr-
hunderts der Firma Mantua Model in Mailand:
1. Motorboot offen [97 mm], 2. Motorboot geschlossen [102 mm], 3. Motorboot offen
[123 mm], 4. Motorboot geschlossen [125 mm].

schauen kann und ob das Holz nur mit Tranöl oder verdünntem Teer gestrichen
war (bis Ende des 17. Jahrhunderts grundsätzlich üblich). Oder ob der Rumpf
außen mit Schiffssalbe etc., Lack oder Ähnlichem gestrichen wurde, und wenn
ja, ob nur bis zur Wasserlinie (bis Mitte des 18. Jahrhunderts) oder bis zum Dollbord (grundsätzlich ab frühes 19. Jahrhundert). Entsprechende Aufschlüsse
sollte eigentlich Ihr Plan geben, ansonsten müssen Sie halt wieder einmal in
der Fachliteratur recherchieren.

Formklotz
Ohne einen entsprechenden „Formklotz" geht hier *gar nichts!*
Man schnitzt und schleift diesen Formklotz am besten aus Balsaholz, das sich
leicht bearbeiten lässt. Für die korrekte Form verwendet man entsprechende
Außenschablonen aus starkem Karton. Kleine Unebenheiten kann man mit
Spachtelmasse oder auch Gips ausgleichen. Die Form wird dann mit Porenfüller

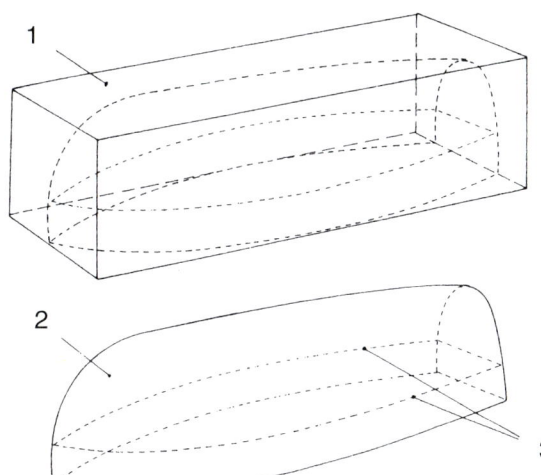

Formklotz: 1. Holzklotz (im
Zweifelsfall Balsa oder Abachi),
2. Positivform des Bootes
(Außenform abzüglich
Beplankung und Spanten),
3. Dollbordlinie des Bootes.

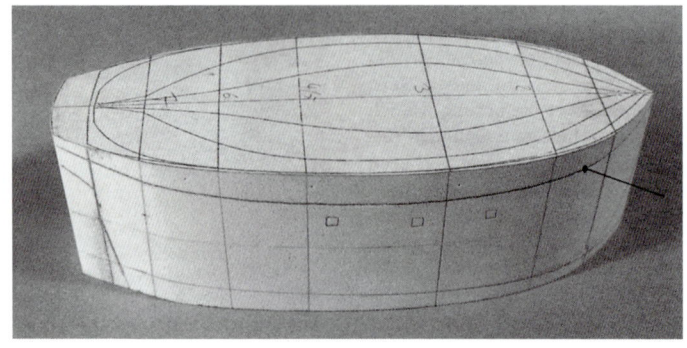

Ein einzelner kompakter Formklotz macht Sinn bei relativ kleinen Booten. 1. Dollbordlinie. (Foto und Modell Gebhard Kammerlander, Herford)

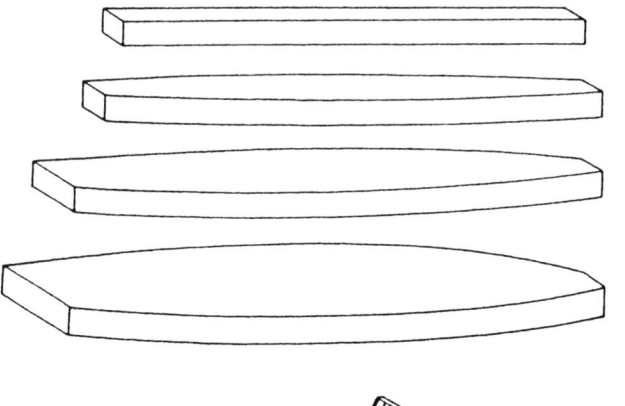

Bei etwas größeren Modellen – Großbooten, großen Barkassen oder etlichen Kleinfahrzeugen – macht der Schichtbau des Kerns durchaus Sinn.

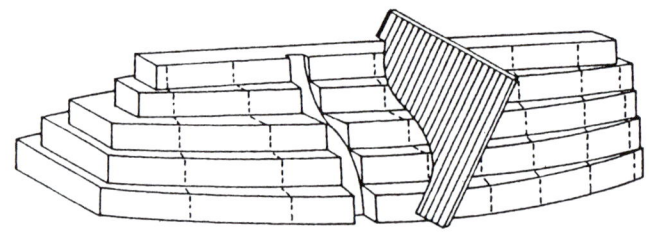
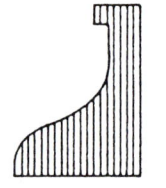

1

Oben: Aus dem Block wird mit Hilfe von Negativ-Mallen (1) die eigentliche Rumpfform herausgeschnitzt, -gehobelt, -gefeilt, wobei natürlich ständig mit den Außenschablonen nachkontrolliert werden muss.

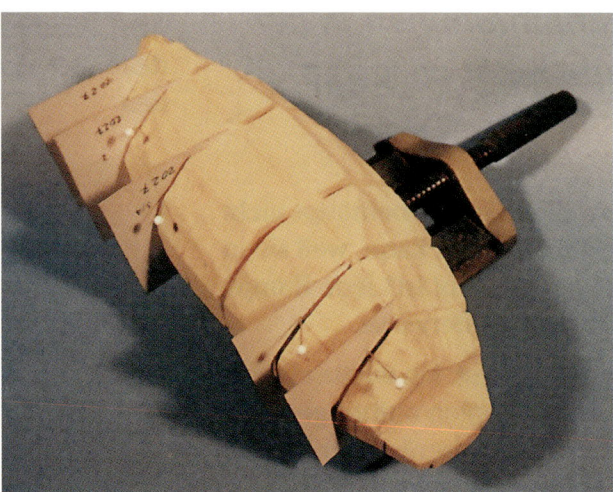

Links: Konkretes Modellbeispiel von Herrn Gebhard Kammerlander, Herford.

Rumpfblock mit korrekt eingeschnittenen Mallen – das überschüssige Material muss nun „einfach" nur noch entfernt werden. (Konkretes Modellbeispiel von Herrn Gebhard Kammerlander, Herford)

dicht gemacht (Balsaholz ist sehr porös), lackiert und schließlich mit Trennwachs überzogen, damit später nichts anklebt. Es macht durchaus Sinn, den Formklotz eine Woche ruhen zu lassen, damit alles optimal durchtrocknen kann.

Bei der Erstellung des Formklotzes ist es freilich höchst wichtig, bereits jetzt zu entscheiden, in welcher Bauweise man das Boot bauen will:

A: mit bereits eingebogenen Spanten. In diesem Fall hat der Formklotz eine Stärke von Außenplankung (wie in den meisten Plänen eingezeichnet) minus Plankenstärke minus Binnenplankung (so vorhanden) minus Spantenstärke. Diese Technik wird von den meisten Modellbauern bevorzugt, so etwa auch von Gebhard Kammerlander, Herford, und meinem guten Bekannten Michael Keyser, Berlin, dem leider viel zu früh verstorbenen Chefmodellbauer des Deutschen Technikmuseums in Berlin. Diese Methode ist unbedingt bei kraweel-gebauten Booten zu bevorzugen, zumal wenn diese keine Binnenplankung aufweisen.

B: ohne Spanten. In diesem Fall hat der Formklotz die Stärke der Außenplankung minus Außenplankung minus Binnenplankung (so vorhanden). Die Spanten werden erst später entsprechend eingebogen. Unbedingt Sinn macht diese Methode bei Booten, deren Außenhaut laminiert oder in Diagonalplankung, wie sie im späten 19. Jahrhundert teilweise üblich war (s. auch Bd. 3.1 S. 141/142), ausgeführt werden soll.

Diese Methode ist bei klinkergeplankten Booten durchaus zu empfehlen.

Diese Technik bevorzugt eindeutig mein Freund Ludwig Seitz, Augsburg, der brillanteste Boots- und Kleinschiffbauer, den ich kenne. Viele seiner Modelle stehen im Deutschen Museum in München und vor allem im Deutschen Technikmuseum in Berlin – auch wenn sie dort von den Besuchern oft gar nicht so sehr gewürdigt werden (sie sind ja sooo *klein!*), wie es ihnen eigentlich zukäme! Und, offen zugegeben, ließ ich mir von *ihm* die Beiboote etwa der ALEKSANDR NEVSKIJ von 1780 im Deutschen Technikmuseum in Berlin oder der Flachdeckgaleone BULL von 1570 im Internationalen Maritimen Museum (Sammlung Peter Tamm) in Hamburg bauen. (Ich bin eben ein „fauler Hund", dem vor Booten noch mehr gruselt als bei Horrorfilmen der Art *„Der Kettensägen-Mörder mit dem blutigen Hackebeil".*)

Das Einschneiden bzw. Einfeilen der Öffnungen für die Spanten in den Formklotz kann ich *nicht* empfehlen! Da sind allzu viele Toleranzen möglich, mal abgesehen davon, dass sich die Leisten der Bootshaut dann eben doch oft nicht optimal mit jenen Spanten verbinden (viel Arbeit für nichts!). Aber auch dünnste Furnierleistchen halten die Form, d. h. sie lassen sich nicht zwischen den Spanten „eindrücken", so man denn einigermaßen vorsichtig mit ihnen umgeht.

Hilfskonstruktionen

a: Halteleiste. Mittig oben auf den Formklotz wird eine kräftige Leiste (4 × 4 mm, 5 × 5 mm, 5 × 7 mm oder gar 7 × 7 mm, kommt auf die Größe des Bootes an) aufgeklebt und eventuell sogar mit Zahnstochern angedübelt. Das ist eigentlich eine *conditio sine qua non*, denn nur so kann man den Formklotz in einen Schraubstock einspannen und hat dann beide Hände (die „dritte Hand" fehlt Modellbauern ja schon ohnehin regelmäßig) frei zum Arbeiten.

b: Schablone für Kiel und Steven. Sie kann aus Pappe sein, muss aber exakt sitzen!

Schablone aus Pappe für Kiel und Steven. Unten die noch nicht aufgeklebte Halteleiste. Und erste Spanten.
(Foto und Modell von Michael Keyser in MODELL-WERFT 1997)

c: Anzeichnen des genauen Dollbordsprungs (minus Dollbordstärke), damit man weiß, bis wohin die Beplankung oben reicht. Mit einer entsprechend gebogenen Leiste aus dünnem Messingblech geht das hervorragend!

Straklatte aus Messing und Spanten.
Herr Keyser nagelte seine Spanten mit kleinen Nägelchen an den Formkern – eine durchaus akzeptable Alternative zu einer Hilfsplatte.
(Foto und Modell von Michael Keyser in MODELL-WERFT 1997)

d: Anzeichnen der Spanten. Dafür hat Herr Michael Keyser ein exakt auf Spantbreite geschnittenes und entsprechend gebogenes dünnes Messingblech empfohlen – eine Empfehlung, der man unbedingt folgen sollte.

e: Hilfsplatte. Sie *muss* nicht sein, erleichtert allerdings das Einsetzen der Spanten ungemein, auch wenn sie zunächst ein wenig Arbeit macht.

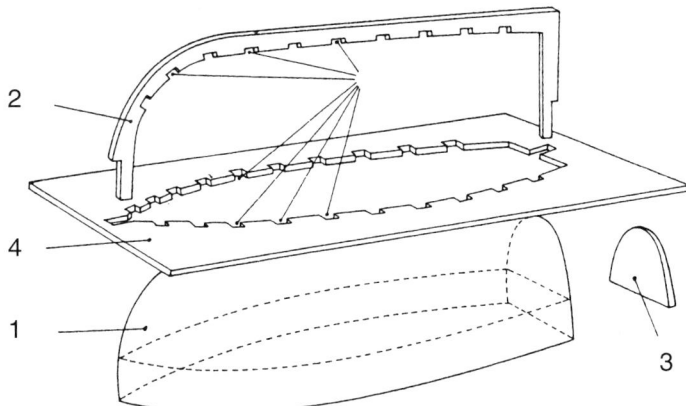

Kiel und Steven – zunächst Pappschablone, später aus Holz mit Einschnitten der Spanten.
1. Formklotz,
2. Kiel/Steven,
3. Heckspiegel,
4. waagerechte Hilfsplatte.

Binnenplankung

Viele Boote – so denn überhaupt – hatten eine kraweel gesetzte Binnenplankung, die man aus Furnierleistchen aufbaut. Jetzt hat das Boot schon einmal eine Grundform, die man sogar vorsichtig ein bisschen nachschleifen kann. Vor allem hat diese Binnenplankung für den Modellbauer den Vorteil, dass die Außenplanken nun eine gute Klebefläche haben. Man sollte sie also, auch wenn real nicht mehr sichtbar, bis zum Kiel herunterziehen.

Rindenboote der nordischen Bronzezeit (s. 5.2 S. 161/173) wie ihre amerikanischen Nachfolger (s. 5.2 S. 164–167) verfügten nahezu grundsätzlich über solch eine Binnenplankung.

Die Fahrzeuge der Wikinger und des frühen bis hohen Mittelalters in Nordeuropa verfügten über keine Binnenplankung, dafür war die Außenplankung entsprechend stärker (s. auch Hjortspring 5.2 S. 183 f., Björke 3.1 S. 38, Vendel 5.2 S. 188, Kvalsund 3.1 S. 48, Nydam 3.1 S. 189, Oseberg 3.1 S. 47/81, Ladby 9 S. 45, Sukldelev 3.1 S. 147, 5.2 S. 192–194 usw.). Hier ist es für den Modellbauer aber durchaus legitim, unterhalb des Decks, d. h. da, wo man es nicht sieht, nach dem Abnehmen der Schale eine Binnenplankung sicherheitshalber einzubringen.

Spanten

Als Spanten eignen sich hevorragend dünne Edelholzleistchen (Birne bevorzugt!), die man aber *unbedingt* zunächst in die *absolut korrekte Form* bringen muss! Die Planken sind ganz einfach zu schwach, um einem Druck der Spanten nach außen oder einem Zug nach innen *nicht* nachzugeben – und dann ist die ganze Form Ihres Bootes verdorben! Und schleifen kann man da nicht mehr, mit Ausnahme eines hauchleichten Überschleifens mit feinstem Schmirgelpapier, um aufgestandene Holzfäserchen zu entfernen.

Original waren die Bootsspanten in der Regel am Kielschwein gestoßen. Bei einem Modell macht es Sinn, zumindest die Spanten mittschiffs in einem Stück, also von Dollbord zu Dollbord, über den Formkern zu ziehen.

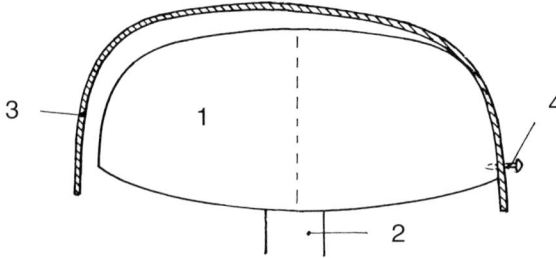

Spanten: 1. Formklotz, 2. Halteleiste, 3. vorgebogene Spanten mittschiffs (mit etwas Überstand), 4. Nägelchen zum Halten der Spanten.

Und natürlich müssen die Spanten zunächst entsprechend vorgeformt werden. Herr Michael Keyser empfahl zu diesem Zweck einen Biegelötkolben, mit dem man entsprechend nass gemachte Spanten und Planken optimal anschmiegen kann. Wer über kein solches Gerät verfügt, kann den gleichen Effekt mit der guten, alten Methode mit Kerzenflamme oder Bügeleisen ebenso erzielen, auch wenn das ein bisschen länger dauert, da die Leisten meist mehrfach „anprobiert" werden müssen (s. auch Bd. 2, S. 30/31).

Heckspiegel

Bei Plattgattern muss zunächst der Heckspiegel eingesetzt werden.
Vernünftigerweise sägt man ihn auf einer entsprechend dünnen Edelholzplatte aus – selbstverständlich aus dem gleichen Material, aus dem auch die Außenplankung besteht und Richtung der Maserung stets quer – und ritzt die Plankengänge entsprechend ein. Dies gibt dem Heckspiegel mehr Stabilität, zudem kann man unter der Heckbank den Spiegel noch mit einer kleinen Leiste verstärken.

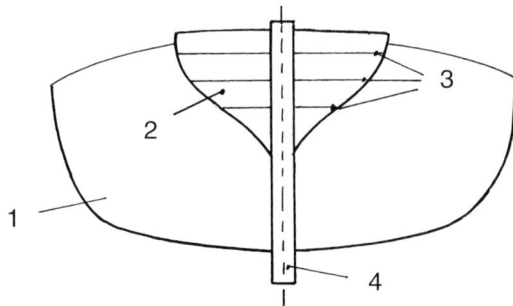

Heckspiegel: 1. Bootskörper, 2. Heckspiegel, 3. eingeritzte Planken, 4. Achtersteven.

Kiel und Steven

Die Schablone für Kiel und Steven (s. oben) wird nun provisorisch aufgesetzt und die Spantöffnungen eingeschnitten. Wenn sie optimal passt, kann man die Schablone nun auf ein entsprechend dickes Edelholzbrettchen übertragen und aussägen.

Natürlich war der Vorsteven am Kiel angesetzt, der Achtersteven aufgesetzt. Bei größeren Booten sollte man dies tatsächlich auch so machen – Richtung der Maserung!
Das fertige Teil kann nun auf- bzw. eingeklebt werden.
Achtung: Strengstens darauf achten, dass weder Kiel noch Steven oder auch Planken am Formklotz ankleben können!

Spanten, Kiel und Steven: 1. waagerechtes Profilbrett, Spanten von 2. Nägelchen gehalten, 3. Spanten, 4. Heckspiegel, 5. Kiel mit Steven.

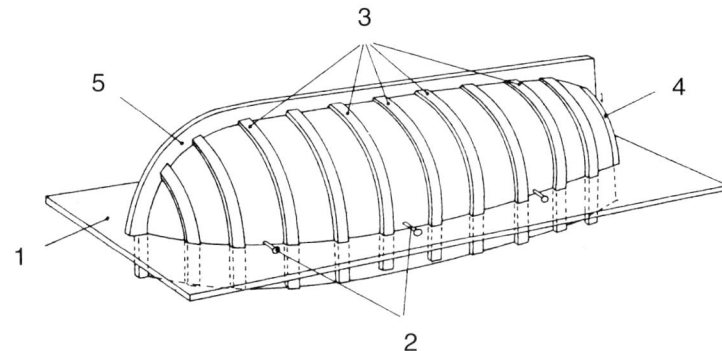

Beplankung

Nun kann die Plankung aufgebracht werden. Sie besteht aus dünnsten Leisten oder auch Furnierholzleisten. Bei kraweel gebauten Booten macht es Sinn, zunächst eine oder zwei Leisten direkt unter dem Dollbord anzubringen, damit man schon einmal dort eine klare Linie hat, ehe man dann von unten nach oben weiterarbeitet (bei klinker gebauten Booten geht das natürlich nicht). Sehr zu

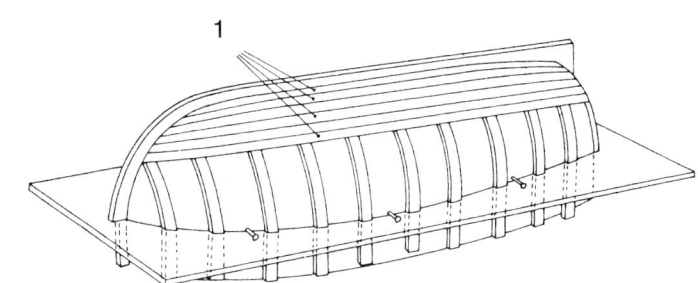

Beplankung:
1. Planken.

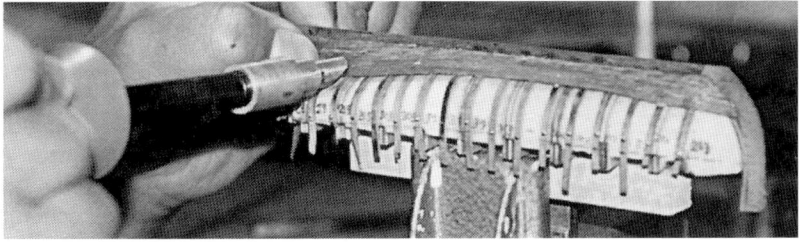

Einbiegen von Spanten und Planken mit Hilfe eines Biegelötkolbens.
(Foto und Modell von Michael Keyser in MODELL-WERFT 1997)

empfehlen sind oft Schablonen aus dünner Pappe oder Zeichenkarton, damit man weiß, ob und wo Planken verschmälert bzw. verbreitert werden müssen. Die Kanten von kraweel gebauten Booten jeweils dünn mit Weißleim (PONAL) einstreichen, damit die Kanten aufeinander kleben – im Zweifelsfalle einen dünnen Pinsel verwenden. Bei klinker gebauten Booten hat man da eine etwas größere Klebefläche, auch wenn diese noch immer recht schmal ist.

Achtung: Auf gar keinen Fall darf man die Planken zwischen den Spanten eindrücken! Am besten nur *auf* den Spanten überhaupt anfassen!

Verschiedenste Beiboote. Links 18. Jahrhundert, rechts 16./17. Jahrhundert, wie sie Herr Ludwig Seitz in den 90er-Jahren des letzten Jahrhunderts hauptsächlich für Museumsmodelle des Autors baute. In der Mitte als Größenvergleich ein 10-Pfennig-Stück. (Modelle und Foto von Ludwig Seitz, Augsburg)

Abschleifen

Ein echtes „Abschleifen" ist, wie schon oben gesagt, unmöglich. Das „Schleifen" kann sich lediglich mit feinstem Schmirgelpapier auf ein Entfernen von feinen Holzfäserchen und allenfalls um das vorsichtige Anschmiegen von Plankenkanten handeln!

Abheben der Rumpfschale

Der Rumpf hat damit jetzt eine durchaus vernünftige Stabilität, auch wenn man natürlich immer noch nicht allzu grob mit ihm umgehen sollte. Wenn man nun die gut durchgetrocknete (!) Schale vorsichtig vom Formkern abhebt, hat man eine optimale Bootsschale, die sich im Zweifelsfall mit entsprechenden Spanten ausbauen und weiter stabilisieren lässt.

Dollbord

Den Sprung des Dollbords muss man nun vorsichtig absägen bzw. besser behutsam abschleifen, ehe man das Dollbord aufsetzt.

Dollbord unbedingt aus einem entsprechend starken Edelholzbrettchen *aussägen!* Der Versuch, es aus einer Leiste einzubiegen, führt erfahrungsgemäß zum Verziehen des Rumpfes, also einer Katastrophe!

Eingebogene Spanten

Bei Booten, die nicht „auf Spant" gebaut wurden, ist es jetzt Zeit, die Spanten einzusetzen. Auch sie müssen zunächst selbstverständlich in die optimale Form gebogen werden, ehe man sie einsetzt bzw. einklebt.

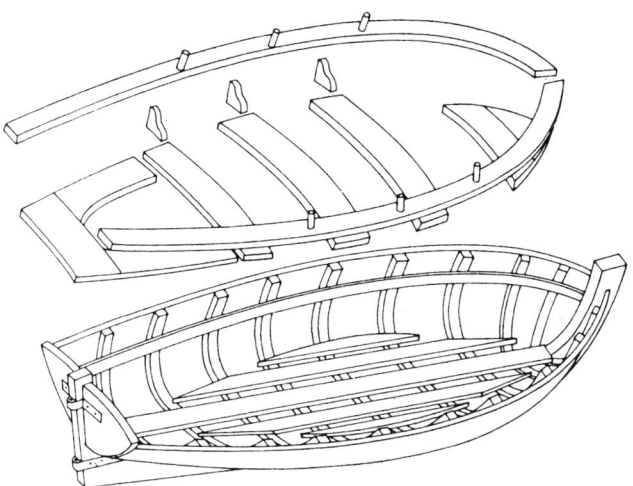

Ausbau eines Beiboots mit Dollbord, Bodenbrettern mit Fußleisten, Duchten, Heckbank, Vorfach, Masthalterung und allem anderen Kleinzeug.
Ruderbeschläge und zwei Ringbolzen im Vor- und Achterschiff, in welche die Takel zum Fieren der Boote eingehängt werden konnten, nicht vergessen!

Bodenbretter

Die allermeisten Boote waren nach unten mit Bodenbrettern versehen, allenfalls frühzeitliche Fahrzeuge (z. B. Björke s. 3.1 S. 38) verzichteten auf solche. Gelegentlich schmiegten sich diese Bretter wie eine Art Binnenplankung unten auf die Spanten. In der Regel waren die Bodenbretter aber waagerecht eingesetzt. Um die Bodenbretter so entsprechend einbauen zu können, setzen manche Modellbauer kleine, trapezförmige Holzstückchen auf den Kiel, die man später ja nicht mehr sehen kann.

Bis ins frühe 18. Jahrhundert waren die Bodenbretter grundsätzlich dicht an dicht gelegt, wobei vielfach das Mittelbrett stärker und oft auch etwas breiter war, denn dort saßen die Duchtenstützen auf. Im 18. Jahrhundert kam gelegentlich die Methode auf, zwischen den einzelnen Brettern einen Zwischenraum zu lassen. Die Idee dabei war, so eventuell eingedrungenes

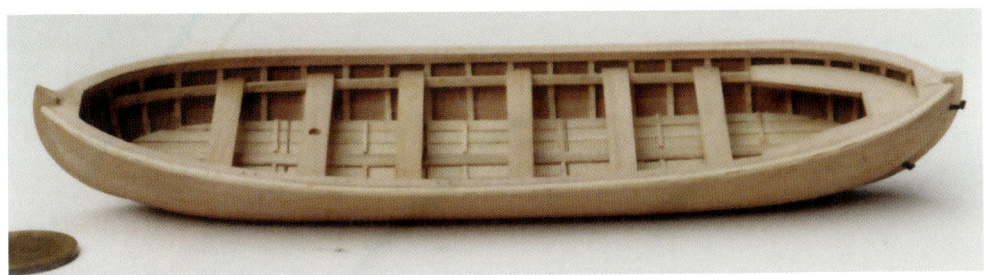

Ausgebautes Beiboot mit „Innenleben", 16./17. Jahrhundert.
(Modell und Foto von Ludwig Seitz, Augsburg)

Wasser leichter ausösen zu können – theoretisch schlau, praktisch jedoch nur wenig brauchbar, da ja umso leichter auch Wasser eindringen konnte. So verfügten etwa Walfangboote, die ja besonders häufig Wasser übernahmen, über geschlossene Bodenbretter, die man nach den Seiten zu den Bordwänden sogar möglichst dicht machte, um auf diese Weise einen wassergeschützten „Schwimmkörper" im untersten Bereich des Bootes zu bekommen.

Im 18. Jahrhundert setzte es sich weitgehend durch, das Bootsdeck im Bereich der Heckbank mit Grätings auszulegen, damit die dort sitzenden „besseren" Herren keine nassen Füße bekamen.

Modellbau: Für die Bodenbretter selbst kann man entsprechend dimensionierte Leistchen verwenden.

Für die Grätings bieten die großen Modellbaufirmen entsprechende Bausätze an. Am geeignetsten erscheinen mir da die feinsten, jene von AERO-NAUT MODELLBAU mit 33 × 33 mm.

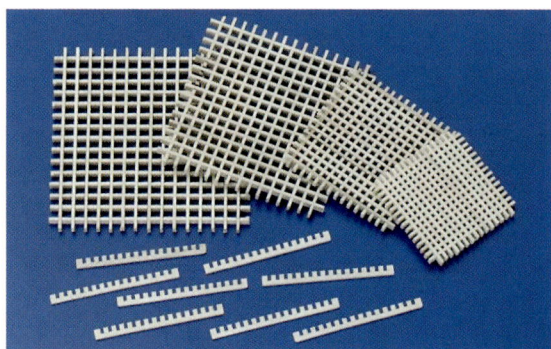

Die feinsten Grätings, etwa von AERO-NAUT MODELLBAU, sind hier genau richtig.

Ausbau

Duchten, Riemenklampen, Dollen (zumindest die Löcher für jene) und Rundseln nebst zugehörigem Kleinkram einzubauen ist zwar eine Fieselei, aber nicht mehr wirklich problematisch für einen erfahrenen Modellbauer.

Vergessen Sie bei Beibooten nicht Mastspuren für die Hilfssegel, oder die Ringösen, mit denen die Takel zum Herausheben der Boote ausgerüstet waren, geschweige die Eisenscharniere, mit denen das Ruder eingehängt werden

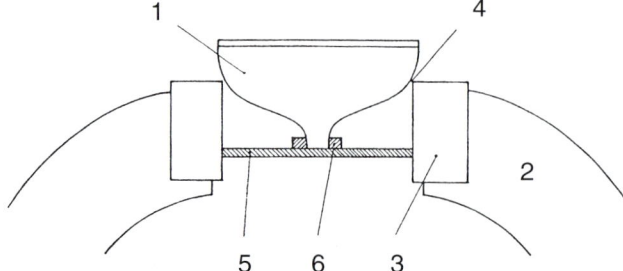

1. Bootskörper, 2. Schraubstock, 3. Schraubstockbacken mit Balsaholz (eventuell zusätzlich mit Stoff oder Watte) gepolstert, 4. Spielraum, 5. Grundbrett, 6. Leisten 30 × 30 mm, zwischen denen der Kiel steckt.

Eine durchaus sinnvolle Halterung beim Ausbau von Beibooten. Aber äußerste Vorsicht, dass dabei die Plankung nicht beschädigt oder gar eingedrückt wird! (Zeichnung von Heinz Zorn in MODELL-WERFT 1997)

konnte. Und keinesfalls die Trittleisten, gegen die sich die Ruderer mit den Füßen anstemmen konnten!

Und wenn Sie tatsächlich die Bordziege(n) in die Boote stellen wollen, dann vergessen Sie nicht, auch ein bisschen Heu zum Fressen hineinzulegen!

Galvanoplastik

In meinem erstmals 1977 erschienenen Buch HISTORISCHE SCHIFFSMODELLE, das inzwischen in der X-ten Auflage nicht nur im deutschsprachigen Raum, sondern auch in Großbritannien, den Niederlanden, Frankreich und den USA erschienen ist (ein echter „Dauerbrenner"), habe ich Galvanoplastik (s. Bd. 2, MATERIAL UND WERKZEUG, S. 75/76) als Grundstruktur empfohlen. Heute bin ich davon freilich sehr weit abgerückt. Die Methode schien damals optimal, und, wenn der Formkern stimmte, war sie das auch. Allerdings ist die Herstellung doch höchst aufwendig. Und solch eine dünne Kupferhaut ist selbst bei einem leichten aber unachtsamen Fingerdruck ganz schnell eingebeult.

Mein heutiges Urteil: Vergessen Sie diese Technik einfach.

Kunststoff

Epoxidharz mit eingelagerter feinster Glasseide (s. auch Bd. 2, MATERIAL UND WERKZEUG, S. 45/46) kann ein idealer Baustoff für Beiboote sein.

Solche Bootsschalen sind gegen Verformung extrem widerstandsfähig! Absolut ideal für jene Boote, die seit Mitte des 19. Jahrhunderts vielfach „kieloben" gelagert wurden (s. S. 95/96 und S. 104).

Der Urgrund ist natürlich wieder ein optimaler Formklotz – minus Außenplankung. In diesen Formklotz werden Kiel und Steven eingesetzt. Dann wird er aufgeplankt (gleichgültig ob kraweel oder klinker), wobei in diesem Fall die Planken durchaus an den Formklotz geklebt werden dürfen. Selbst das Dollbord darf/ soll hier durchaus erscheinen. Die Außenform muss dabei nun freilich bis in jede Kleinigkeit stimmen, denn Silikon-Kautschuk und Epoxidharz geben auch die winzigsten Kleinigkeiten exakt wieder!

Von dieser Urform wird zunächst einmal eine Form aus Silikon-Kautschuk hergestellt (s. Bd. 2, S. 55/56). Diese Form wird sodann mit Epoxidharz ausgepin-

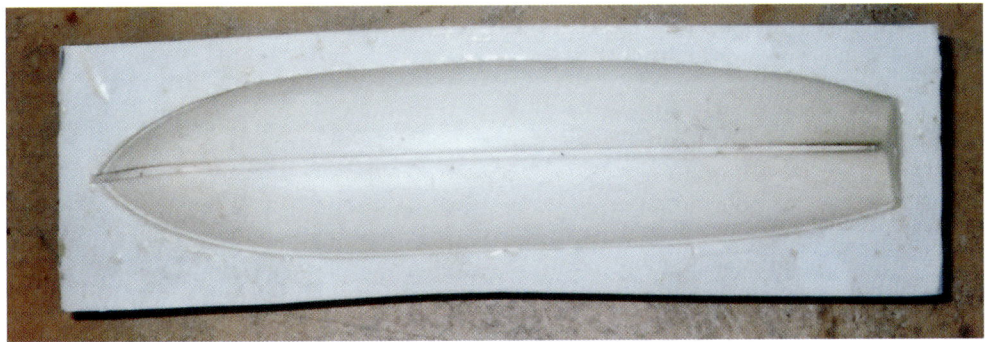

Negative Silikonform einer großen Barkasse aus der Mitte des 19. Jahrhunderts.

selt und mit feinster Glasseide verstärkt. Da seit der Mitte des 19. Jahrhunderts Boote außen in aller Regel weiß gestrichen waren, kann man zwar die Struktur der Planken noch erkennen, nicht aber, was „darunter" ist.

Vorteil 1: Solche Bootsschalen sind gegen Verformungen extrem widerstandsfähig (da reicht es nicht, sie gegen die Wand zu werfen, da müsste man schon massiv auf ihnen herumtrapeln, um sie kaputt zu machen)!

Vorteil 2: Man kann mit solch einer Silikon-Kautschuk-Form durchaus mehrere Boote gleicher Größe bauen (s. auch die YOUNG AMERICA, S. 95, 106).

Und wenn man die Wandungen entsprechend dünn hält, kann man sogar nach oben offene Boote in den Davits auf diese Weise bauen und ausbauen, wie ich dies auf der YOUNG AMERICA gemacht habe.

Rumpfschale einer kleinen Barkasse des 18. Jahrhunderts. Diese Schale ist extrem widerstandsfähig, muss aber natürlich noch abgeschliffen und außen wie innen beplankt werden, ehe man sie ausbauen kann.

Papierlaminat

Was aber tun, wenn die Außenhaut gar nicht aus Holz, sondern aus Leder oder Birkenrinde bestand und entsprechend noch dünner war?

In meinem Buch HISTORISCHE SCHIFFSMODELLE von 1977 hielt ich, zugegeben, noch nicht allzu viel von dieser Technik. Mein Freund Werner Zimmermann aus Augsburg hat mich mittlerweile eines weit Besseren belehrt – im Klartext, dass man die Außenhülle mancher Boote (und auch Schiffe) im Modell gar nicht anders darstellen *kann!*

Diese Modellbautechnik habe ich bereits in Bd. 2, MATERIAL UND WERKZEUG, S. 80 kurz vorgestellt. Sehr viel ausführlichere und gründlichere Informationen erhalten Sie an gegebener Stelle im Bd. 5.2, S. 155 f.

Beiboot der englischen Flachdeckgaleone BULL von 1570 (s. auch Bd. 2, S. 116).
(Modell von Ludwig Seitz, Augsburg, und Wolfram zu Mondfeld, Hohenfurch)

Lagerung von Beibooten in der Kuhl

Bootsklampen kennt man seit der Antike, während Davits eine noch recht neue Erfindung sind und aus der Wende des 18. zum 19. Jahrhundert stammen. Dass sie sich recht bald allgemeiner Beliebtheit erfreuten, sollte nicht verwundern, denn ein Beiboot mit Stag- oder Seitentakeln aus den bis dahin üblicherweise mittschiffs angeordneten Bootsklampen zu heben und über Bord zu fieren, war ein recht mühsames Unterfangen. Viele Schiffe benötigten dazu sogar spezielle Fender an der Bordwand, damit die Boote bei diesem Manöver einigermaßen problemlos ins Wasser gleiten oder auch wieder eingesetzt werden konnten, ohne dabei beschädigt zu werden (s. hierzu auch Bd. 3.2, DER RUMPF, S. 243, 245, 250).

Beiboote aus den Davits zu Wasser zu lassen, machte hingegen nicht weniger Mühe, als ein paar Taue zu lösen.

Bootsklampen

Es waren dies zwei Holzständer – dem Stapelschlitten nicht unähnlich –, die auf der Kuhl, der Kuhlgräting oder auch auf der Ducht eines weiter unten stehenden Bootes aufgesetzt waren und in denen die Boote ruhten, so dass man die Boote der Reihe nach ineinanderstapeln konnte.

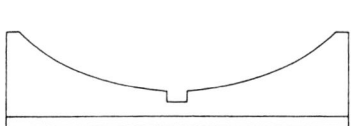 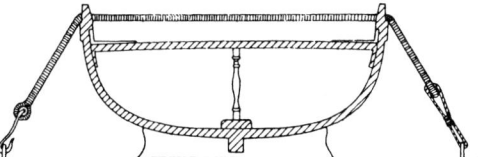

Mit Zurrings wurden die Boote auf den Bootsklampen festgehalten. Die Zurrings waren seit dem späten 17. Jahrhundert fast immer gekleidet, damit sie nicht schamfielten, und wurden mittig, im vorderen und hinteren Drittel des Bootes über dieses gelegt.

*Verzurren eines Beiboots.
(Zeichnung von Herman Ketting in PRINS WILLEM, Bielefeld 1981)*

Standort

Beiboote standen bis in die erste Hälfte des 18. Jahrhunderts generell in der

Kuhl, also dem niedrigsten Teil des Schiffes, von wo sie einigermaßen problemlos gefiert werden konnten.

Dort war auch der Platz für die Reservespieren (s. auch Bd. 7, MASTEN UND RAHEN, S. 209 f.).

In Frankreich und bei nach französischem Vorbild gebauten Schiffen blieb man bis über die Mitte des 19. Jahrhunderts dieser Anordnung treu. Im 19. Jahrhundert standen die Boote auch gern auf den Dächern der Hühnerställe, die in der Kuhl standen.

Fieren von Beibooten

Diese Situation, wenn die Boote mit den Ladetakeln hochgezogen wurden, war auf Gefangenen-(Knochen-)Modellen des späten 18. und frühen 19. Jahrhunderts höchst beliebt.

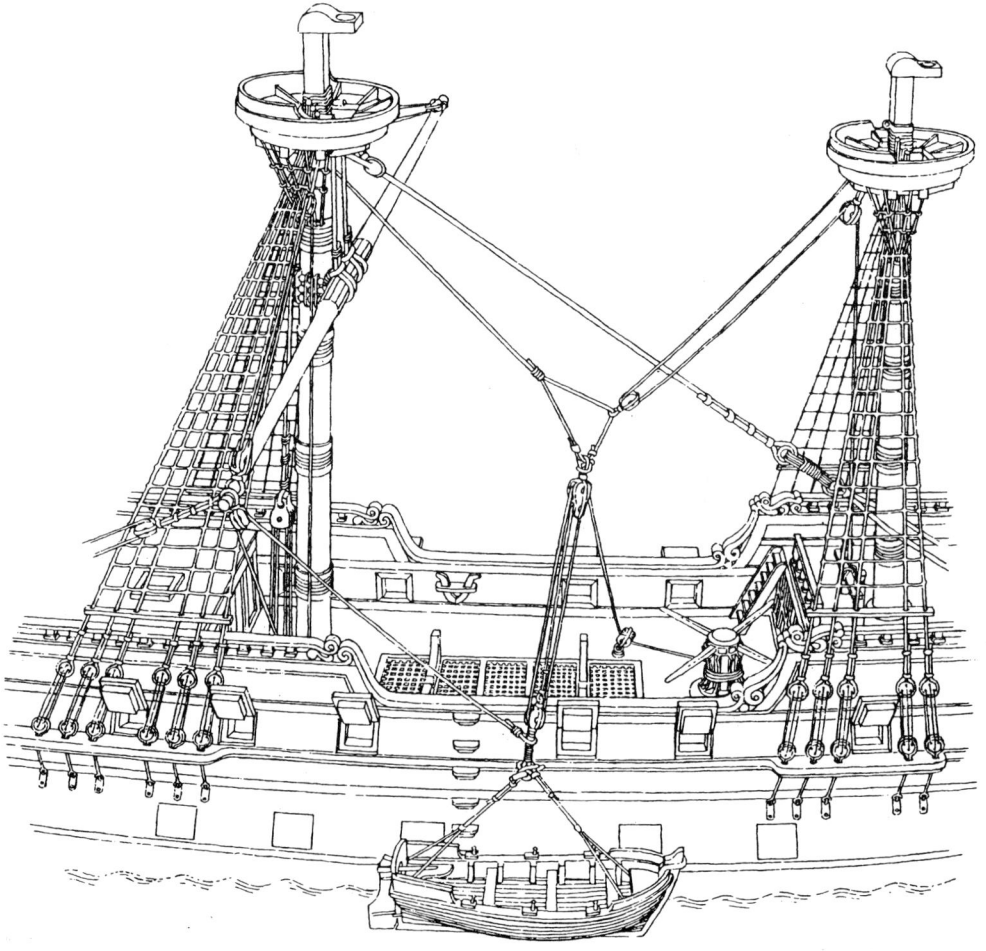

Fieren eines Beiboots mit Ladetakel 17. bis 18. Jahrhundert.
(Zeichnung in DAS GROSSE BUCH DER SCHIFFSTYPEN, Berlin 1983)

Niederländische schwere Fregatte um 1804.

Englischer Zweidecker um 1805.
(Beides Gefangenenmodelle aus Knochen im Science Museum, London South-Kensington)

Lagerung von Beibooten über der Kuhl

Als man im 18. Jahrhundert in England die Reservespieren zwischen Back- und Schanzdeck nach oben rückte, folgten ihnen die Beiboote unverzüglich.

Der spanische Zweidecker NUESTRA SEÑORA DEL PILAR von 1731 mit einem Beiboot zwischen den Reservespieren.
(Modell der Firma OCCRE in Mataró-Barcelona – s. auch Bd. 7, S. 209)

Optimal zwischen den Reservespieren eingesetzte Boote der ENDEAVOUR von 1768.
(Hervorragendes Modell von Günter Sperlich, Berlin)

Reservespieren

Die Beiboote auf den Reservespieren zu lagern, war durchaus vernünftig gedacht, denn so musste man diese nicht erst wegräumen, wenn ein Boot aus- oder eingesetzt werden sollte. Der klare Nachteil war, dass man diesen Spieren nicht allzuviel Last aufbürden konnte, ohne dass sie sich (nach den Seiten oder noch unten) verbogen! Beiboote waren zwar relativ leicht, doch die Ersatzspieren auch relativ dünn. Klartext: Eigentlich konnte diese Konstruktion vernünftigerweise allenfalls das Großboot, notfalls noch zusätzlich eine Barkasse tragen.
Der Baukasten der NUESTRA SENORA DEL PILAR von 1731 der Firma OCCRE ist in diesem Punkt wirklich optimal!
In der Regel wurden die Boote (eher das Boot) ganz einfach zwischen die Reservespieren gesetzt, wo es ja nach unten und vor allem seitlich genug Halt hatte. Manchmal, wenn auch höchst selten, benutzte man dazu auch spezielle Bootsklampen, die unten entsprechend an die Spieren angeformt waren.

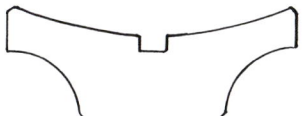

Eher selten eingesetzte Bootsklampen zwischen den Reservespieren.

Balkenrost

In der Mitte des 18. Jahrhunderts entwickelte man eine neue Methode, um Beiboote aufstellen zu können. Eine Anzahl von Balken querte nun auf Höhe von Back/Schanz die Kuhl, und auf diesen Querbalken konnten nun die Boote optimal mit Bootsklampen gelagert werden. Viele Länder (etwa auch Russland) folgten eiligst diesem vernünftigen Beispiel.

Die Boote der russischen ALEKSANDR NEVSKJI von 1780 stehen auf einem Balkenrost. (Modell – im Bau – von Wolfram zu Mondfeld, Hohenfurch. S. auch Bd. 2, S. 33)

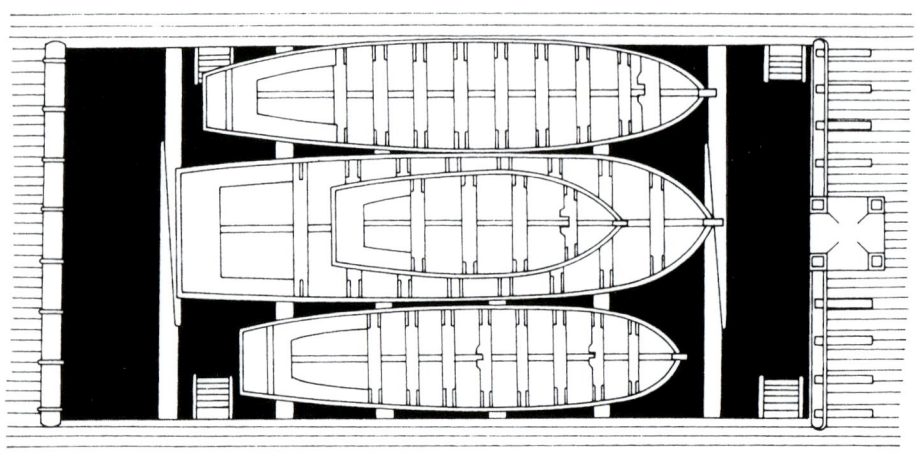

Ein Balkenrost über der Kuhl war seit der Mitte des 17. Jahrhunderts auf englischen, später auch auf vielen kontinental-europäischen Schiffen Standard.
Die Balken wurden vielfach mittig „gestoßen", d. h. zusammengefügt (s. auch Bd. 3, S. 99 und 101).

Balkenrost über der Kuhl auf der HMS VICTORY von 1805.
(Modell der Firma COREL, Mailand)

Lagerung von Beibooten auf Hüttendächern

Im 19. Jahrhundert wurde der Platz an Deck – nicht zuletzt durch Maschinen oder Lichtluken für „bessere" Passagiere – immer geringer. Andererseits setzten sich, vor allem auf zivilen Schiffen, immer mehr Deckhäuser durch (s. auch Bd. 4, DIE AUSRÜSTUNG).

Die logische Konsequenz war, Boote auf die Hüttendächer zu verbannen – zumal man ja nun auch etliche in den Davits hängen hatte.

Kieloben auf dem Hüttendach gelagerte Beiboote des „Extrem"-Klippers YOUNG AMERICA von 1853, erbaut von William Webb (s. auch Bd. 8, S. 56).
(Modell von Wolfram zu Mondfeld, Hohenfurch, im Deutschen Technikmuseum, Berlin)

Dort oben konnte man freilich keine „Bordziege" mehr aufstellen, welche die Boote entsprechend feucht hielt.

Ebenfalls logische Konsequenz war es, die Boote umzudrehen und generell mit dem Kiel nach *oben* zu lagern. Wie man diese Boote im *worst case,* also im schlimmsten Fall, umdrehen und zu Wasser lassen sollte, das ist ein bis heute ungelöstes Geheimnis jener Schiffsbaukonstrukteure und Kapitäne.

Richtig:
Lagerung des Bei-
bootes auf dem breto-
nischen Thunfisch-
fänger MARIE-JEANNE
um 1890.
(Modell von Oliver
Bothmann in MODELL-
WERFT 1998)

Falsch:
Im 18. Jahrhundert
gab es noch keine
kieloben gelagerten
Beiboote.
(Modell des
französischen 74-
Kanonen-Zweideckers
LE SUPERBE von 1784
von MANTUA MODEL,
Mailand)

Falsch: Wenn auf dem Hüttendach gelagert, dann standen sie stets kieloben – außer-
dem ist zumindest eines davon erheblich zu klein.
(Modell der Firma STEINGRAEBER, Stadtallendorf; s. auch Bd. 3, S. 301)

Davits

Davits waren wohl eine der einschneidendsten Erfindungen des späten 17. Jahrhunderts. Anstatt Beiboote doch recht mühsam aus der Kuhl hieven zu müssen, konnte man sie nun am Heck oder den Seiten eines Schiffes relativ problemlos zu Wasser lassen bzw. wieder empor fieren.

Die Erfindung der Davits muss wohl niederländischen Walfängern zugeschrieben werden, den einzigen Europäern, die damals über eine nennenswerte Walfang-flotte verfügten. So sehr (absolut berechtigt, da heute völlig sinnlos!) der Walfang mittlerweile in Verruf geraten ist, so sinnvoll, ja notwendig war er bis in die zweite Hälfte des 19. Jahrhunderts: Waltran war die einzige auch für Normalmenschen bezahlbare Möglichkeit, ihre Wohn- und Arbeitsräume vernünftig zu beleuchten! Lampen, in denen Pflanzenöl oder gar Kienspäne verbrannt wurden, funzelten eher als dass sie leuchteten; Kerzen waren extrem teuer und wirklich nur etwas für die ganz Reichen (und Kirchen); das aus Erdöl gewonnene Petroleum war zwar seit der Antike bekannt, doch erst im späten 19. Jahrhundert begann man es in größeren Mengen zu fördern. Und Waltran galt zudem als ausgesprochen gesund – mit Grausen erinnere ich mich noch an den übelst schmeckenden „Lebertran", den die Kinder meiner Jugend zwangseingeflößt bekamen!

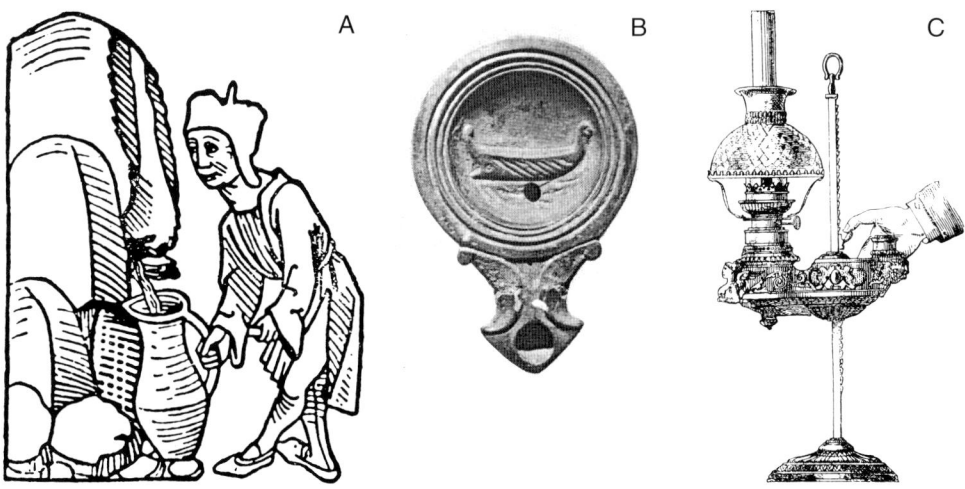

Waltran war bis zum Anfang des 20. Jahrhunderts der Brennstoff für einigermaßen hell leuchtende Lampen. Erdöl, zudem schwer entzündbar, wurde nur aus „natürli-chen" Quellen gewonnen, war allenfalls „raffiniert" als Petroleum verwendbar – da der Brennstoff aus der Lampe schwappen konnte, auf Schiffen extrem unbeliebt.
A. Erdölgewinnung aus natürlicher Quelle, B. altrömische Öllampe (in The National Maritime Museum, Haifa), C. Petroleumlampe um 1900.

Wenn nun ein Fangschiff einen Wal sichtete, so war es notwendig, diesen auch zu erwischen. Mit dem Schiff selber war dies nahezu unmöglich. Dazu brauchte man kleine, wendige Boote (s. auch Folgekapitel), die schnellstens zu Wasser gelassen werden konnten. Mit der damals üblichen Methode, Boote aus der Kuhl zu hieven, war dies kaum möglich. So nagelte irgend ein findiger Kapitän ein paar kräftige Balken auf das Großdeck – und bald auch auf das Kampanjedeck – an denen die Boote hingen und mit Hilfe von Seilzügen in kürzerster Frist abgelassen und später wieder „eingesetzt" werden konnten. Und das bei nahezu jedem Wetter und nicht nur im ruhigen Hafen.

Die Davits waren geboren.

Die Erfindung erfolgte im 17. Jahrhundert. Ehe sich aber die sonstigen Kriegs- und Handelsschiffe im späten 18. Jahrhundert dieser klugen Erfindung anschlossen, sollte noch ein gutes Jahrhundert vergehen.

Heckdavits

Sie tauchten im späten 18. Jahrhundert mehr und mehr auf.

Es waren zwei starre Balken, die über das Hackbord des Schiffes hinausragten und an denen das für den Kapitän reservierte Beiboot hing, um dieses schleunigst nach Befehl zu Wasser lassen zu können.

Verblüffend: Optisch „ruinierte" ein am Heck hängendes Boot vielfach den „guten Eindruck" des Heckspiegels – aber die Bequemlichkeit des *„nach Gott höchstem Herrscher des Schiffes"* ging da offenbar eindeutig vor.

Heck mit Heckdavits und Kapitänsgig einer 44-Kanonen-Fregatte um 1807.
(Hervorragendes Gefangenenmodell aus Knochen in Arlington Cort, Barnstaple/Devon)

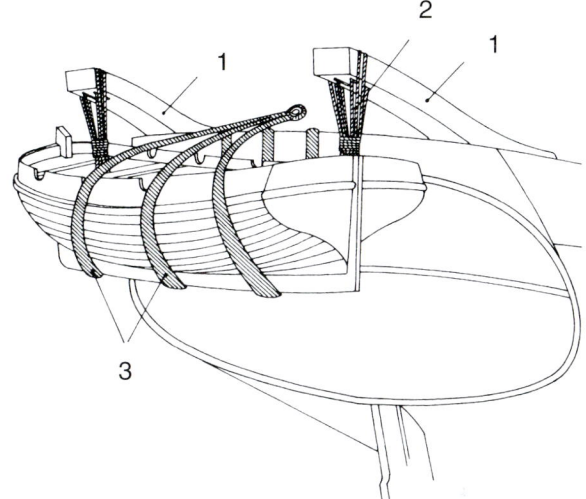

Heckdavits und korrekt ver-
zurrtes Beiboot auf Fahrt.
1. Davits, 2. Bootsfall,
3. Haltebänder aus mehrfach
geschichtetem und ver-
nähtem Segeltuch.

Abfieren eines Beiboots der englischen Fregatte GLORY von 1810.
(Gefangenenmodell aus Knochen im Internationalen Maritimen Museum [Sammlung
Peter Tamm], Hamburg)

*Bei abgefierten Heckbeibooten hakte man die Bootsfallen meist in die Sorgketten ein
(s. auch Bd. 4, DIE AUSRÜSTUNG, Kap. Ruder).*
*Dies ist vor allem für Modellbauer interessant, welche ihren prachtvoll gestalteten
Heckspiegel nicht mit einem davor gehängten Beiboot „verunzieren" wollen!*
*(Hervorragendes Gefangenenmodell aus Knochen des Dreideckers OCEAN um 1812
im Science Museum, London South-Kensington)*

Bewegliche Seitendavits aus Holz

Die Seitendavits waren im späten 18. und frühen 19. Jahrhundert Holzbalken,
die mit einer Takelung auf Fahrt hochgezogen oder zum Aus- und Einsetzen
der Boote ein wenig abgelassen werden konnten. Sie waren deshalb mit entsprechenden Scharnieren an der Bordwand angebracht.
Ende des 18. und im ersten Viertel des 19. Jahrhunderts wurden sie auf englischen, aber auch auf US-amerikanischen Schiffen gerne eingesetzt. Auf
Schiffen des europäischen Kontinents waren sie eher selten.
Es war noch im frühen 19. Jahrhundert nur ein Paar im hinteren Bereich des
Achterschiffs. Diese Davits waren seitlich durch Davitgeien abgestützt und

wurden durch das Davitfall gefiert, das durch einen Leitblock am Besanmast geschoren wurde.

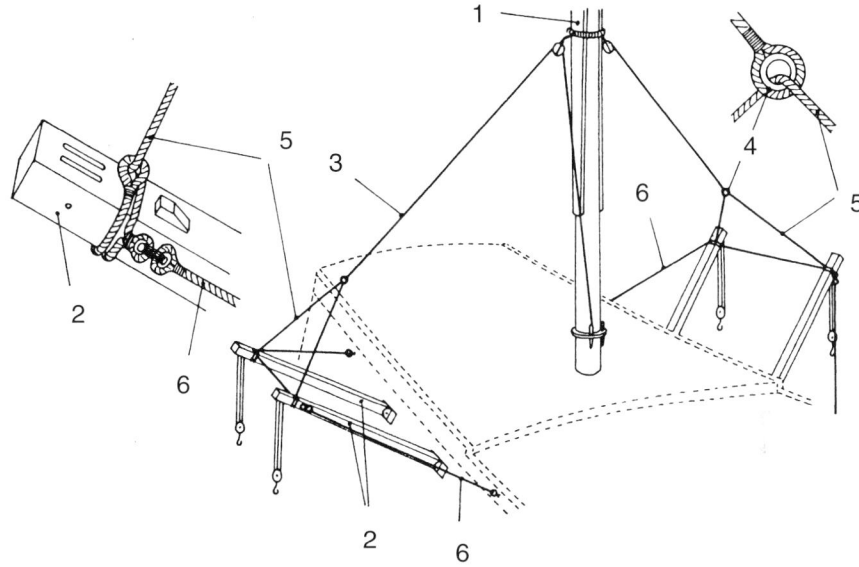

Bewegliche Davits aus Holz um 1800: 1. Besanmast, 2. Davits, 3. Davitfall, 4. Davitfall-kausch, 5. Davitfallschenkel, 6. seitliche Davitgeien.

Starre Heckdavits und bewegliche Seitendavits der 63-Kanonen-USS-Fregatte CONSTITUTION *von 1794 – allen entsprechenden englischen Kriegsschiffen gnadenlos überlegen!*
(Spitzenmodell von Siegfried Verbeeten, Düsseldorf)

Starre Seitendavits aus Holz

Hier waren Walfänger (s. Folgekapitel) ihrer Zeit beträchtlich voraus. Bereits Ende des 18. Jahrhunderts benützten sie nach außen gebogene Davits, die nicht mehr geschwenkt werden mussten, um die Boote aus- und einzusetzen. Auch was ihre Zahl anbelangte: Seit Beginn des 18. Jahrhunderts waren es zehn Davits für fünf Boote – drei an Backbord und zwei an Steuerbord, wo mittschiffs dann der Platz für eine bewegliche Stelling war, von der aus erlegte Wale „geflenst", d. h. abgehäutet, werden konnten. Diese Davits waren fest, d. h. starr montiert, da ein Abschwenken nicht nötig war, weil ihr oberer Teil entsprechend weit ausgebogen geformt war (das Urbild aller, auch metallener Davits bis über die Mitte des 20. Jahrhunderts). Der Kopf der Holzdavits war immer mit entsprechenden Scheiben zur Führung der Taue ausgerüstet. Binnenbords saß vielfach eine Klampe an den Davits, um die laufende Part der Taue belegen zu können.

Diese Form der Davits hielt sich, vor allem auf Walfängern, bis weit in die zweite Hälfte des 19. Jahrhunderts, da man sie, nicht ganz unberechtigt, für sehr viel robuster hielt als die „modernen" Metalldavits.

Der Walfänger CHARLES W. MORGAN (s. auch Folgekapitel) war rund 80 Jahre im 19. Jahrhundert vor allem im Südpazifik unterwegs. Ihre hölzernen Davits waren zwar nicht „elegant", dafür solide und zuverlässig. Heute liegt sie als Museumsschiff in New Bedford in Mystic/Connecticut.
(Foto New Bedford Whaling Museum)

Starre Seitendavits aus Metall

Ab 1820 kamen Davits aus Metall in Gebrauch. Sie waren nun rund im Durchmesser und starr außen an der Bordwand montiert. Zunächst war ihre Biegung oben noch eher flach (s. LA BELLE POULE, S. 42). Bald schon wurde ihre obere Biegung sehr viel runder, wobei das Material oben auch deutlich schwächer wurde. Auch den Fuß der Davits verjüngte man in der Regel, damit er nicht durch die Halterungen rutschen konnte.

Metalldavits waren in der Regel aus Schmiedeeisen und dann wie alle Eisenteile an einem Schiff schwarz gestrichen. Seit der zweiten Hälfte des 19. Jahrhunderts war auch ein weißer Anstrich beliebt.

Vor allem Passagierschiffe im 19. Jahrhundert setzten gerne auch Davits aus Bronze ein, das war zwar erheblich teurer, sah aber einfach sehr elegant aus.

Der Kopf der Metalldavits war bis über die Mitte des 19. Jahrhunderts ein Ring, in den dann eine entsprechende Blockkombination eingehängt werden konnte. Nach 1850 war der Kopf selber zunächst selten, dann freilich immer öfter mit den Scheiben für die Tauführung ausgerüstet.

Die laufende Part der Bootstakel bestand aus dem Blockfall und einem unteren Block mit Haken, der beim Fieren in Ringbolzen an Bug und Heck der Boote eingehakt werden konnte.

Eine Klampe, um die laufende Part der Bootsfallen belegen zu können, war in der Regel am binnenbordlichen Teil dieser Davits angeschweißt.

Normalerweise waren die Davits einfach, d. h. nur für *ein* Boot gedacht. Doch schon um 1835 gab es gelegentlich Doppeldavits für zwei Boote, wobei zu beachten wäre, dass das größere Boot stets innen, also näher am Schiff, das kleinere außen hing (s. LA BELLE POULE die Heckboote – Barkasse und Gig, S. 42).

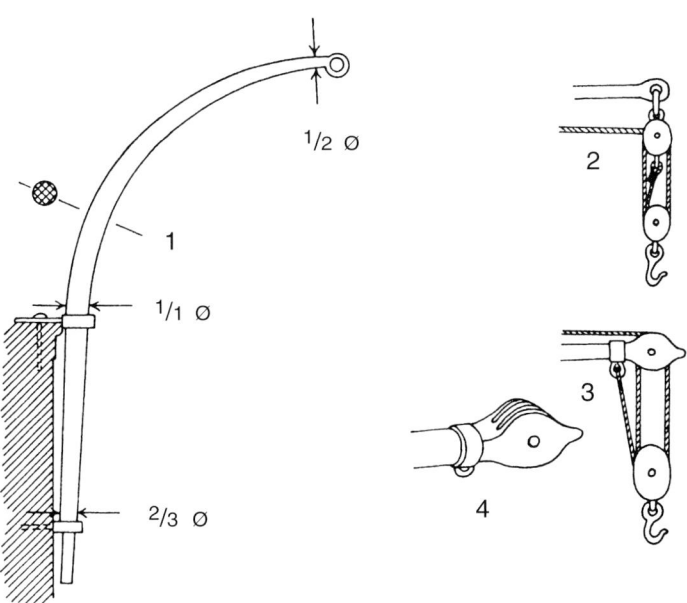

Starrer Davit aus Metall:
1. Davit, 2. Blockaufhängung ab 1825, 3./4. Davitkopf nach 1850 (eher seltene Form).

103

Bewegliche Seitendavits aus Metall

Drehbare Davits, um Beiboote auf Fahrt auch binnenbords einsetzen zu können, gab es bereits in der ersten Hälfte des 19. Jahrhunderts. Damals kam man nämlich auf die durchaus kluge Idee, Beiboote auf den Kästen der Schaufelräder zu lagern. Die Freude darüber währte freilich nur kurz, denn Mitte des 19. Jahrhunderts verschwanden – zumindest auf Hochseeschiffen – Schaufelräder schon wieder (s. auch Bd. 6, SICHTBARE SCHIFFSMASCHINEN, Kap. Schaufelräder).

Wenig später baute man die Davits allgemein beweglich, d. h. man konnte nun die Beiboote grundsätzlich nach binnenbord schwenken und dort, besser vor Wind und Wetter geschützt, einsetzen.

An der Konstruktion der Davits änderte sich zunächst kaum etwas, nur dass sie jetzt nicht mehr starr, sondern eben drehbar an der Außenwand des Schiffes an-

Französischer Truppentransporter L'ORENOQUE von 1848. Mit beweglichen Davits waren die Beiboote über den Schaufelrädern gelagert.
(Modell im Maßstab 1:100 der Firma MAMOLI, Mailand)

gebracht waren. Etwas änderte sich freilich deutlich: Der gerade Schaft der Davits wurde eindeutig höher. Hatte die Davithöhe bis dahin ausgereicht, um im Zweifellsfall Personen einigermaßen problemlos aus- und einsteigen zu lassen, musste das Boot nun über die Reling hinweg gehievt werden.

Um die Mitte des 19. Jahrhunderts kam zunehmend die Methode auf, die Davits drehbar in einen an Deck fest angebolzten „Schuh" zu stecken – eine Technik, die teilweise bis heute verwendet wird.

Modellbau von Davits

Hölzerne Davits herzustellen, ist für den Modellbauer kein Problem.

Metallene Davits mit ihren Verjüngungen oben und unten und vor allem ihren Biegungen mitunter durchaus. Die Firma AERO-NAUT MODELLBAU hat da immerhin vier Größen (35–85 mm Höhe) im Angebot. Weniger stark gekrümmte Davits, bis Mitte des 19. Jahrhunderts, kann man sich da ebenfalls relativ problemlos mit Hilfe einer Bunsenbrennerflamme entprechend zurecht biegen und einen damals oft noch nicht vorhandenen „Fuß" ganz einfach absägen bzw. das Unterteil der Davits entsprechend zuschleifen.

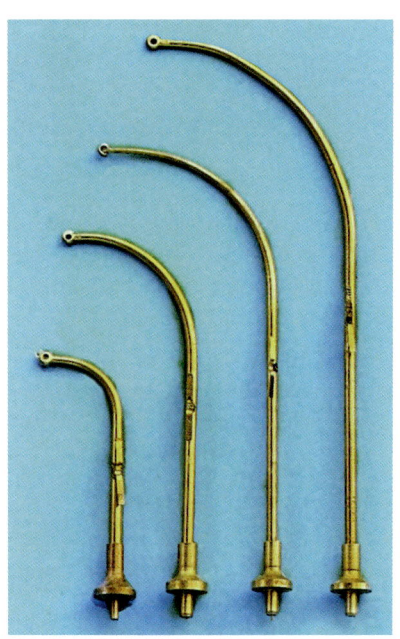

Tadellose Davits aus Metall der Firma AERO-NAUT MODELLBAU samt entsprechendem „Schuh" an Deck.
Damit die Davits nicht herumwackeln, sollte man sie mit einem Tröpfchen Klebstoff in ihrer korrekt erwünschten Position befestigen.
Außen angebrachte Davits „ohne Schuh" kann man leicht in die entsprechende Form feilen.

Fender

Um Beschädigungen der Boote an den Davits zu verhindern, wurden Fender angebracht. Diese Fender waren aus einem langen Leinwandstreifen gefertigt, der mittig um den Fenderstab gewickelt wurde. Der Fenderstab sollte so an den

Davits angebracht sein, dass die Fender 5 bis 10 cm unter dem Dollbord des in den Davits hängenden Bootes standen.

Ich weiß, dass es kaum möglich ist, korrekte Ringbolzen in den Rumpf eines „Plastik"-Bootes einzudrehen. Solch eine Bootsaufhängung ist jedoch historisch völlig falsch. (Modell der CSS ALAMBAMA im Maßstab 1:120 der Firma MAMOLI, Mailand)

Optimal verzurrtes Beiboot der YOUNG AMERICA Mitte des 19. Jahrhunderts. (Modell von Wolfram zu Mondfeld, Hohenfurch, im Deutschen Technikmuseum, Berlin)

Zurrings

Natürlich konnte man Beiboote auf Fahrt nicht irgendwie an den Davits herum baumeln lassen (wie auf den allermeisten Modellen zu sehen!). Man verzurrte sie mit kreuzweise gespannten Haltebändern. Diese bestanden nicht aus Tauwerk, sondern aus mehrfach zusammengenähtem Segelleinen – auch auf einem Modell sollte man sie deshalb aus schmalsten Streifchen zusammengeklebtem „Segeltuch" herstellen.

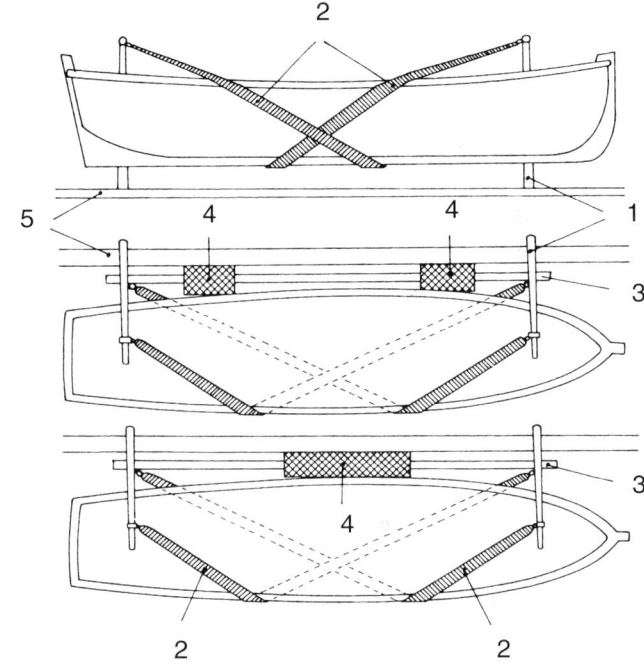

Verzurren von Beibooten an Davits auf Fahrt: 1. Davit, 2. Haltebänder (mehrfach zusammengenähtes Segeltuch), 3. Fenderstab (Metall), 4. Fenderpolster (mit altem Segeltuch vielfach umwickelt), 5. Reling.

Persenning

Auf die eigentlich durchaus vernünftige Idee, in den Davits hängende Boote oben mit einer Segeltuchplane abzudecken, um unerwünschte Nässe fern-

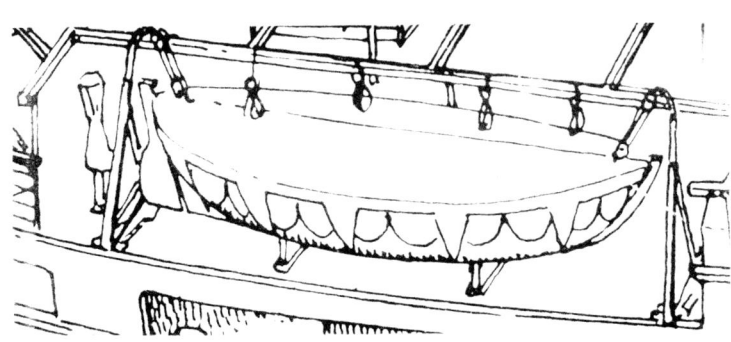

Mit Persenning abgedecktes Beiboot. (Zeichnung von Björn Landström, Stockholm)

zuhalten, kam man erst im 20. Jahrhundert. Da waren die Beiboote freilich vielfach aus Metall (später Kunststoff) und nicht mehr aus Holz, das von Regen oder der Bordziege feucht-, also „dicht" gehalten werden musste.

Das belgische Schulschiff MERCATOR von 1932 (seit 1961 Museumschiff in Oostende) mit binnenbords eingeschwenkten und mit Persennings abgedeckten Beibooten. (Modell der Firma MANTUA MODEL, Mailand)

Walfangboote

Wie im Vorkapitel schon gesagt, ist die Jagd auf diese großen, hoch intelligenten Meeressäuger inzwischen (dem Himmel sei Dank!) mittlerweile extrem in Verruf gekommen. Generell nur noch Norweger (weshalb eigentlich?) und Japaner (dort ist Walfleisch noch immer eine Delikatesse) sträuben sich gegen ein Jagdverbot und begründen dies gelegentlich sogar mit „wissenschaftlichen Zwecken".

Reale Geschichten

Ehe die Waljagd von fast allen Nationen geächtet und verboten wurde, war sie im 20. Jahrhundert nur noch ein mechanisches Massengemetzel, bei dem der Wal gegen die überlegene menschliche Technik keinerlei Chance hatte.
Das war im 19. Jahrhundert noch ganz anders, als der Mensch in kleinen, zerbrechlichen Booten persönlich gegen die gewaltigen Meeressäuger antrat, ein Duell mit höchst ungewissem Ausgang. Gewiss wurden Zehntausende von Walen getötet, aber auch Abertausende von Männern verloren dabei ihr Leben.

Ein wütender Pottwal zerknackt ein Fangboot. Die künstlerisch ein wenig naive, sachlich höchst realistische Darstellung eines Betroffenen.
(Bild im Wahling Museum in New Bedford/Massachuetts)

Und es ist schwer, sich der Faszination des großen Epos MOBY DICK zu entziehen. Der Autor, Herman Melville, war selber vier Jahre, verlockt von der „überwältigenden Vorstellung des großen Wals", auf den Schiffen ACUSHNET und LUCY ANN gefahren, ehe er dieses Buch über Kapitän Ahab, den „King Lear des Achterdecks", und seinem Widersacher Moby Dick 1851 zu Papier brachte.

Walfänger im Nordatlantik im späten 17. Jahrhundert. Das Bild ist aus 16 Delfter Kacheln, die zumeist für den Export bestimmt waren, zusammengesetzt.

DER KLEINE HEINRICH, schleswigscher Wal- und Robbenfänger 1817–1863.

Der schon fast legendäre Walfänger CHARLES W. MORGAN, der heute als Museums-schiff in Mystic/Connecticut liegt (s. auch S. 102).
(Modell im Science Museum, London South-Kensington)

Auch das Ende von Kapitän Ahabs PEQUOD ist durchaus realistisch.
Mocha Dick, so sein historisch korrekter Name, war ein etwa 26 m langer Pott-walbulle und wurde zum Schrecken aller Walfänger. Er war zwar nicht „weiß wie Wolle", sondern eher dunkelgrau, jedoch mit einer auffallenden weißen Narbe an seiner Stirn. Er zertrümmerte nicht nur Fangboote und tötete Männer – das

machten andere Pottwale hundertfach auch – er griff sogar die großen Fang-schiffe höchst erfolgreich an.

„Er kam in voller Fahrt auf uns zugeschossen und rammte das Schiff dicht vor den Fockrüsten. Durch das Schiff ging ein so jäher und gewaltiger Stoß, als sei es auf eine Klippe aufgelaufen, und es zitterte ein paar Sekunden wie Espenlaub", berichtete später Owen Chase später über den Untergang der ESSEX. Das Schiff begann augenblicklich zu sinken. Und dann rammte der Wal die ESSEX nochmals, was ihr endgültig den Rest gab. „Die Stöße waren so be-rechnet, dass sie uns den größtmöglichen Schaden zufügten. Indem der Wal uns schräg von vorne rammte, trug die Geschwindigkeit beider Objekte zur Wucht des Zusammenpralls bei. Dafür waren genau die Manöver erforderlich, die der Wal ausführte", berichtete Owen Chase. So geschehen am 20. November 1820. Nach einer 51 Tage währenden Fahrt in den kleinen Booten wurde er schließlich mit einem Teil der Mannschaft von der Brigg INDIAN gerettet, der Kapitän George Pollards wurde nach 96 Tagen vom Walfänger DAUPHINE aufgefischt.

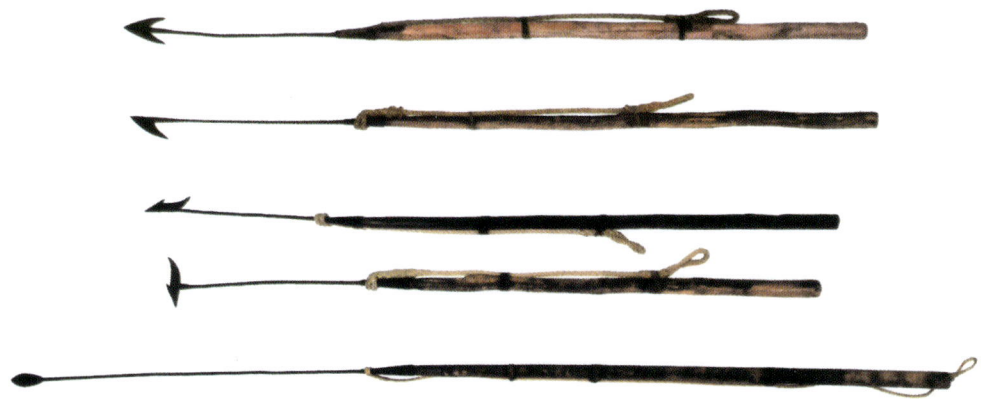

Oben vier Harpunen, darunter die Stoßlanze, mit welcher der Wal endgültig getötet wurde. (Orinale aus dem Whaling Museum, New Bedford/Massachuetts)

Im November 1851 erschien das Buch von Herman Melville. Und just fast genau zu diesem Zeitpunkt wurde der Walfänger ANN ALEXANDER von einem Pottwal versenkt. „Ich sah nur einen Schatten, als der Wal dem Schiff einen furchtbaren Stoß versetzte. Das Ungeheuer hatte sich gut einen Meter vom Kiel in den Bug gebohrt. Ich versuchte sofort in die Back hinabzusteigen, aber als ich hörte, mit welcher Gewalt das Wasser eindrang, wusste ich, dass keine Hoffnung mehr

Total verdrehte schmiede-eiserne Harpunenspitze, die in der Schwarte eines Pottwals gefunden wurde. (Orignal im Peabody Museum, Salem/Mass.)

war", berichtete Kapitän John DeBlois später, der von einem Walfänger aus Nantucket nach zwei Wochen geborgen wurde.

„Als ob meine unselige Kunst dieses Ungeheuer wieder heraufbeschworen hätte", notierte Melville, als ihn die Nachricht vom Untergang der ANN ALEXANDER erreichte.

Mocha Dick, der Pottwal mit der auffälligen weißen Narbe an der Stirn, wurde endgültig zum Schreckgespenst aller Walfänger. Mocha Dick war zweifellos der berühmteste, doch es gab auch andere seines Schlages: etwa Timor Jack, genannt nach seinem Lieblingsaufenthaltsort in der Timorsee, der 19 Harpunen verschiedenster Fangschiffe in seiner Schwarte stecken hatte, als er nach vielen Jahren erlegt und abgespeckt wurde. Oder New Zealand Tom, der einmal an einem einzigen Tag nicht weniger als 9 Fangboote zu Kleinholz schlug, wobei 11 Männer das Leben verloren.

Während im Vordergrund Mocha Dick am 20.11.1820 ein weiteres Fangboot zu Kleinholz schlägt, sinkt im Hintergrund das von ihm gerammte Mutterschiff ESSEX.
(Stich aus der Sammlung Forbes, Hart Nautical Museum, M. I. T.)

Das Ende von Mocha Dick ist so vielfältig überliefert, dass notgedrungen der allergrößte Teil davon falsch sein muss. So wissen wir nicht, ob er eines Tages eines friedlichen Pottwaltodes gestorben ist oder ob er es vorgezogen hat, kämpfend in ein *Walhall der Wale* einzugehen.

Walfangschiffe des 19. Jahrhunderts

Sie waren schnell, fast gegen jede Witterung gefeit und darauf gebaut, sehr viele Monate, ohne einen Hafen anlaufen zu müssen, in See bleiben zu können. In ihren Deckaufbauten, z. B. mit der Trankocherei, unterschieden sie sich interessant von anderen Schiffen. „Wir hatten alles an Bord. Reserve-Proviant, Reserve-Boote, Reserve-Spieren, Reserve-Segel. Eigentlich alles außer einem Reserve-Schiff und einem Reserve-Kapitän", notierte seinerzeit Herman Melville.

Die 371 Tonnen große LADOGA hatte bereits 15 Dienstjahre als Frachtschiff – nicht sonderlich schnell, dafür geräumig und extrem robust – für eine Bostoner Firma hinter sich, als sie 1841 an eine Walfang-Reederei in New Bedford verkauft wurde. Unter deren Flagge lief sie rund 50 Jahre und wurde das wohl erfolgreichste Walfangschiff des 19. Jahrhunderts – 31.409 Fass Öl/Tran, 121.135 Kilo Fischbein.
An Backbord hingen drei, an Steuerbord jedoch nur zwei Fangboote in den Davits, denn mittig an Steuerbord war die, waagerecht ausschwenkbare, Stelling angebracht, von der aus erlegte Wale „geflenst", d. h. abgespeckt werden konnten.
(Zeichnung von John Batchelor in DIE WALFÄNGER, TIME-LIFE, Amsterdam)

Es waren also durchaus schöne und historisch durchaus auch interessante Schiffe – und doch ist mir kein einziges Baukastenmodell solch eines Walfängers bekannt („political correctness"?). Lediglich MODELISMO AMATI hat ein Walfangboot im Programm.
Womit wir wieder beim eigentlichen Thema wären.

Walfangboote

Sie waren das wohl Eleganteste und zugleich Effektivste, was der Bootsbau in allen Jahrhunderten je geleistet hat.
Sie waren schnell (konnten es auf 5 Knoten bringen). Sie waren rund 8,5 m lang, ca. 2 m breit und stets klinker gebaut. Sie wogen leer etwa 450 kg und konnten problemlos das Doppelte an Ausrüstungsgewicht tragen.

Angetrieben wurden sie von 5 Riemen – 4 bis 5 m lang – wobei der vorderste Riemen bei der Annäherung an einen Wal vom *Harpunier*, der bis dahin ebenfalls brav gerudert hatte, verlassen werden durfte. Die Riemen waren mit einem bis fünf Strichen am Blatt säuberlich sortiert und in eisernen Riemengabeln gelagert. Die Boote waren Spitzgatter. So konnte man die Riemen „streichen", also eben so schnell rückwärts wie vorwärts fahren.

Walfangboot: 1. Ruder, 2. Ruderpinne, 3. Steuerriemen, 4. Stützducht, 5. Seilumlenk-kopf, 6. Bodenbretter, 7. Spanten, 8. Fußstütze, 9. Segel, Mast und Spieren, 10. Kiel, 11. Ösfaß, 12. Pütz, 13. Kompass, 14. Markierungsflaggen, 15. Bootsmesser, 16. Be-plankung, 17. Reserveharpunen, 18. Ducht, 19. Hauptleinenbalje, 20. Reserveleinen-balje, 21. Trinkwasserfass, 22. Notfall-Paddel, 23. Mastspur, 24. Harpunen, 25. Wurf-anker, 26. Schenkelducht für den Harpunier, 27. Harpunenleine, 28. Schossholz. (Zeichnung von John Batchelor in DIE WALFÄNGER, TIME-LIFE, Amsterdam)

Das am Heck eingehängte Ruder wurde nur „auf Fahrt" benutzt. Bei der Annäherung an einen Wal setzte man einen langen Steuerriemen ein, der das Boot sehr viel wendiger machte – am Bug hat der Harpunier bereits seinen Riemen, mit dem er bis zu diesem Moment brav gepullt hatte, verlassen.
(The Kendall Whaling Museum, Sharon/Mass.)

Im Heck gab es ein Ruder für Segelfahrt. Im Kampf gegen den Wal setzte man freilich einen bis 6 m langen Steuerriemen ein, der das Boot sehr viel wendiger machte.
Alle Boote waren mit einer Segeleinrichtung für die „Heimfahrt" zum Schiff ausgerüstet, denn die harpunierten Wale zerrten das Boot oft über viele Meilen

Walfangboot in den Davits seines Mutterschiffs hängend.
(Zeichnung von John T. Leavitt, Mystic Seaport)

hinter sich her – und auf so manchem Grabstein in der Heimat stand zu lesen: „Von einem Wal außer Sicht geschleppt", neben Inschriften wie „Von der Leine über Bord gezogen", „Bei der Isle of Desolation über Bord gegangen", „Von einem Pottwal getötet" oder „Bei Kap Hoorn von oben gekommen".

Hunderte von Männern kamen damals Jahr für Jahr ums Leben, und wer dem Schwanzschlag oder den zuschnappenden Kiefern eines Pottwals nur als Krüppel entkam, konnte von Glück reden, wie der Kapitän Edmund Gardner von der WINSTON: „Ich blutete aus zahllosen Wunden, als man mich an Deck schaffte. Meine Schuhe waren voller Blut. An Bord stellte ich fest, dass mir ein Zahn in den Kopf gedrungen war und die Schädeldecke gebrochen hatte. Ein anderer hatte mir die Hand durchbohrt, wieder ein anderer den rechten Oberarm zerfleischt, und der Arm war von der Schulter bis zum Ellenbogen mehrfach gebrochen. Meine Schulter saß mindestens zweieinhalb Zentimeter tiefer als vorher – was mir bis heute geblieben ist –, mein Kiefer und fünf Zähne waren gebrochen, die Zunge durchtrennt, die linke Hand von einem Zahn durchbohrt und vielfach gebrochen." Und trotz all dieser Verletzungen bekundete Kapitän Gardner nur größte Hochachtung und keineswegs Zorn (!) vor seinem siegreichen Gegner!

Die in den Davits hängenden Walfangboote waren stets voll ausgerüstet, um nur ja keine Zeit zu verlieren, wenn ein Wal in Sicht kam. Andererseits waren kieloben, auf den Hüttendächern, noch zahlreiche weitere Reserveboote gestapelt – Reserve, Reserve, *Reserve,* wie Herman Melville schrieb.

Modellbau

Walfangboote sind ein „Schmakerl" für detailverliebte „Kleinschiff"-Spezialisten! Kein anderes Boot bietet so viele interessante Details, so dass es sich durchaus lohnt, solch ein Boot auch in einem großen Maßstab (z. B. 1:25 – ca. 43 cm im Rumpf lang, ca. 50 cm mit Steuerriemen) als Modell zu erbauen.

Modell eines Walfangbootes.
(Tadelloser Baukasten der Firma MODELISMO AMATI, *Mailand)*

Firmenliste

Modellbaufirmen, die akzeptabe Beiboote anbieten, sind mehr als selten (gefunden habe ich nur zwei!).
Gewiss findet man auf den Fotos sehr vieler Baukastenmodelle optimale Beiboote – freilich beschleicht mich da oft der Verdacht (Entschuldigung, wenn ich da jemandem Unrecht tue!), dass diese in den Katalogen fotografierten Modelle in einem sehr viel größeren, entsprechend detailreichen Maßstab gebaut sind, als das letztlich im Baukasten zu finden ist …!

aero-naut Modellbau
Die Kunststoff-Boote sind zwar nur begrenzt brauchbar, die Kleinteile wie Davits jedoch hervorragend.

Mantua Model
Mailand. Zu beziehen auch über Klaus Krick Modellbautechnik, Knittlingen. Hat etliche wirklich hervorragende Beiboote.

Modelismo Amati
Mailand. Die einzige Modellbaufirma, die ein tadelloses Walfangboot als Baukasten anbietet.

Die Anschriften dieser Firmen s. auch Bd. 2 MATERIAL UND WERKZEUG S. 156–159.

Enzyklopädie des historischen Schiffsmodellbaus

von Wolfram zu Mondfeld / Barbara zu Wertheim (Hrsg.)

Als nächster Band der Reihe erscheint:

Band 5.2
Kleinfahrzeuge

Best.-Nr. 50-5.2

Übersicht

Band 1
Modelle und Vorkenntnisse
(lieferbar)

Band 2
Material und Werkzeug
(lieferbar)

Band 3.1 und 3.2
Der Rumpf *(lieferbar)*

Band 4
Die Ausrüstung

Band 5.1
Boote *(lieferbar)*

Band 5.2
Kleinfahrzeuge

Band 6
Sichtbare Schiffsmaschinen

Band 7
Masten und Rahen *(lieferbar)*

Band 8
Taue, Blöcke und Segel
(lieferbar)

Band 9
Stehendes Gut *(lieferbar)*

Band 10
Laufendes Gut

Band 11
Allerlei Exoten

Band 12
Flaggen, Lexikon
und Nachträge

Band 1
Modelle und Vorkenntnisse

Umfang	120 Seiten
Best.-Nr.	50-01
Preis	€ 16,80 [D]

Band 2
Material und Werkzeug

Umfang	160 Seiten
Best.-Nr.	50-02
Preis	€ 22,– [D]

Band 3.1
Der Rumpf

Umfang	220 Seiten
Best.-Nr.	50-3.1
Preis	€ 29,80 [D]

Band 3.2
Der Rumpf

Umfang	212 Seiten
Best.-Nr.	50-3.2
Preis	€ 29,60 [D]

Kombi-Angebot:
Band 3.1 und Band 3.2
Best.-Nr. 50-03   Preis € 56,– [D]

Band 5.1
Boote

Umfang	120 Seiten
Best.-Nr.	50-5.1
Preis	€ 19,80 [D]

Band 7
Masten und Rahen

Umfang	216 Seiten
Best.-Nr.	50-07
Preis	€ 29,70 [D]

Band 8
Taue, Blöcke und Segel

Umfang	152 Seiten
Best.-Nr.	50-08
Preis	€ 21,40 [D]

Band 9
Stehendes Gut

Umfang	176 Seiten
Best.-Nr.	50-09
Preis	€ 24,50 [D]

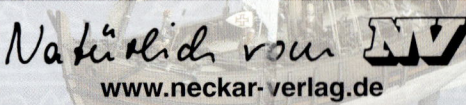

Natürlich vom NV
www.neckar-verlag.de